Rationeller Dieselmaschinen-Betrieb

Anleitung für Betrieb, Instandhaltung und Reparatur ortfester Viertakt-Dieselmaschinen

von

Josef Schwarzböck

Mit 62 Abbildungen im Text

Berlin
Verlag von Julius Springer
1927

ISBN-13: 978-3-642-98235-4 e-ISBN-13: 978-3-642-99046-5
DOI: 10.1007/978-3-642-99046-5

Vorwort.

Heute mehr denn je, muß jeder Dieselmaschinenbetrieb auf äußerste Wirtschaftlichkeit eingestellt werden.

An sich die idealste Betriebsmaschine, arbeitet der Dieselmotor trotz seines hervorragenden Wirkungsgrades in tausenden von Fällen sehr unwirtschaftlich, weil der Gesamtwirkungsgrad eines Betriebes in erster Linie von der Bedienung und Instandhaltung, also von der rationellen Betriebsführung, erst in zweiter Linie aber vom Wirkungsgrad der Maschine selbst abhängig ist.

Um aber eine rationelle Betriebsführung zu erzielen, ist eine zweckentsprechende Unterrichtung und Anlernung des Personals nicht nur bezüglich der Bedienung der Maschine, *sondern auch für die richtige und rechtzeitige Ausführung der periodisch notwendig werdenden Instandhaltungsarbeiten unbedingt erforderlich.*

Der Monteur zeigt dem angehenden Maschinisten Anlassen, Abstellen und auch die Wartung während des Betriebes. Aber bei den später erforderlichen, viel komplizierteren Instandhaltungsarbeiten bleibt der Maschinist ohne Berater und Beistand. Gerade dieser Umstand macht eine durchgreifende, alle Instandhaltungsarbeiten umfassende Instruktion notwendig, denn die Grundlage eines wirtschaftlichen und sicheren Betriebes ist und bleibt die rechtzeitige und richtige Ausführung der sich immer wieder notwendig machenden Instandhaltungsarbeiten.

Gestützt auf eine 20jährige Erfahrung hofft der Verfasser mit dem vorliegenden Werke die angedeutete Aufgabe zu lösen und damit sowohl dem Motorenbesitzer, als auch dem Maschinenmeister und dem Maschinisten besondere Vorteile zu bringen.

Aber auch dem Ingenieur und dem Monteur sowie den vielen mechanischen Werkstätten wird dieses Buch wertvolle Dienste leisten, indem es die Heranbildung des Personals erleichtert und über die manigfachen Ausbesserungen vorteilhafte Aufschlüsse gibt.

Auch teilt der Verfasser verschiedene von ihm erdachte und praktisch erprobte Betriebsbehelfe mit, die erheblich zur Vereinfachung Betriebssicherheit und Sparsamkeit beitragen.

In diesem Buch wird nur der einfachwirkende, stehende Viertaktdieselmotor besprochen. Die mitgeteilten Erfahrungen können zum größten Teil ohne weiteres auf andere Maschinenarten übertragen werden.

Anregungen, Beiträge über Erfahrungen, auch Mitteilung außergewöhnlicher und lehrreicher Vorfälle sind mir stets willkommen und werden mit Dank berücksichtigt.

Eggenberg bei Graz, im Juli 1927.

Josef Schwarzböck.

Inhaltsverzeichnis.

Verzeichnis der Abbildungen.

I. Arbeitsweise des Viertakt-Dieselmotors.

1. Einleitung.

Die Dampfmaschine als älteste Wärmekraftmaschine benötigt eine von der Maschine getrennte Feuerung, durch die in einem geschlossenen Kessel Wasser verdampft wird. Der auf bestimmtem Druck gehaltene Dampf wird der Maschine zugeführt und schiebt den Kolben vorwärts, wobei der Dampfdruck infolge der Ausdehnungsarbeit allmählich zurückgeht.

Dieser Arbeitsvorgang vollzieht sich bei doppeltwirkenden Maschinen während jeder halben Drehung, das heißt beim Vor- und auch beim Rückgang des Kolbens, folglich ist jeder Hub ein Ausdehnungshub oder Arbeitstakt.

Ganz anders verhält sich der von N. A. Otto im Jahre 1877 erfundene Viertaktmotor, der als Grundlage der mannigfachen Entwicklung der Verbrennungsmaschinen anzusehen ist.

Bei diesen Motoren findet die Verbrennung im Gegensatz zur Dampfkraftanlage im Arbeitszylinder selbst, und zwar beim jeweiligen dritten Takte statt, wobei die ersten zwei und der vierte Takt, der Reihe nach, Ansauge-, Verdichtungs- und Auspuffarbeit verrichten. Also nur während des dritten Taktes wird durch die Verbrennung und Ausdehnung Arbeit geleistet.

Eine halbe Umdrehung der Maschine bedeutet eine Kolbenbewegung von einem zum anderen Totpunkt und wird als Hub oder Takt bezeichnet.

Alle Maschinen, die zu einem vollen Arbeitsvorgang vier Takte, also zwei Umdrehungen benötigen, werden als Viertaktmotoren, die, welche den Arbeitsprozeß in zwei Takten, also während einer Umdrehung durchführen, als Zweitaktmotoren bezeichnet.

Die mit den verschiedensten flüssigen Brennstoffen und Gasen betriebenen Viertaktmotoren füllen sich beim ersten Hub mit Luft und den brennbaren Gasen, komprimieren das brennbare Gemisch während des zweiten Taktes je nach der Entzündbarkeit auf 4 bis 16 at, worauf die von einem elektrischen Zündfunken oder Glühkopf eingeleitete Zündung das Gemisch explosionsartig verpufft, so daß der Kompressionsdruck um das Zwei- bis Dreifache in die Höhe schnellt.

Der durch Ing. Rudolf Diesel erfundene und von der Maschinenfabrik Augsburg-Nürnberg gemeinsam mit Fried. Krupp durch vieljährige kostspielige Versuche im Jahre 1897 herausgebrachte, marktfähige Dieselmotor unterscheidet sich von den angeführten Verbrennungsmotoren dadurch, daß hier im ersten Takte reine Luft angesaugt und im zweiten Takte auf etwa 32 bis 35 at zusammengepreßt wird, wodurch eine Temperatur von etwa 600° entsteht, die zur sicheren Selbstentzündung des am Ende des Kompressionshubes eingespritzten Brennstoffes ausreicht.

Auch findet keine explosionsartige Verpuffung statt, sondern das bis etwa $^1/_{10}$ Kolbenhub nach dem inneren Totpunkt zugeführte Rohöl verbrennt allmählich und ohne Drucksteigerung, daher auch der Name Gleichdruckmotore.

Der Brennstoff kann sowohl mit als auch ohne Einblase-Druckluft eingespritzt werden. Man unterscheidet dementsprechend Dieselmotore mit Lufteinspritzung und sogenannte kompressorlose Dieselmotore.

In der folgenden Darstellung wird der Arbeitsvorgang in allen vier Takten veranschaulicht.

2. Erster Takt: Saughub.

Durch die halbe Drehung während des ersten Taktes wird der Kolben von dem oberen (inneren) in den unteren (äußeren) Totpunkt gebracht (Abb. 1).

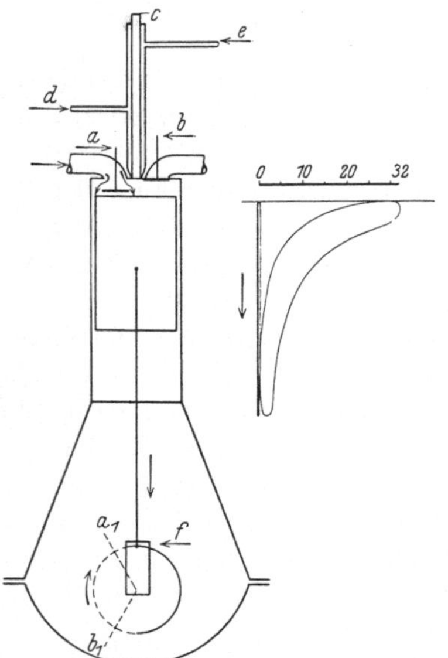

Abb. 1. Beginn des ersten Taktes (Saughub). *a* Saugventil, *b* Auspuffventil, *c* Brennstoffventil, *d* Brennstoffleitung, *e* Druckluftleitung, *f* Oberer Totpunkt.

Da bei dieser Bewegung im Innern des Zylinders eine Verdünnung der Luft, das heißt ein Unterdruck (Vakuum) entsteht, drängt die Außenluft durch das während des Hubes von der Steuerung offengehaltene Saugventil in den Zylinder und füllt den vom Kolben freigelegten Raum aus.

Ein völliger Druckausgleich mit der Außenluft findet jedoch nicht statt, sondern der Druck wird stets um rd. $^1/_{10}$ at unter dem atmosphärischen Druck zurückbleiben.

Das Saugventil öffnet bei Kurbelstellung a_1, 20 bis 25° vor dem oberen Totpunkt, und schließt bei b_1, 25 bis 30° nach dem unteren Totpunkt.

Die Verschiedenheit der Konstruktion und Umlaufzahl bedingt mehr oder weniger großes Voröffnen und Nachöffnen der Ventile.

Im nebenstehenden Arbeitsdiagramm ist die Sauglinie besonder hervorgehoben; sie verläuft, gleich wie die Kolbenbewegung, von oben nach unte .

3. Zweiter Takt: Kompressions- oder Verdichtungshub.

Bei der zweiten halben Drehung schiebt die Kurbelwelle den Kolben in das Innere des Zylinders zurück (Abb. 2).

Da bei diesem Vorgang alle Ventile geschlossen sind, kann die im Zylinder vorhandene Luft nicht entweichen und wird vom Kolben zusammengepreßt.

Den hierbei auftretenden bedeutenden Widerstand überwindet die im Schwungrad der Maschine aufgespeicherte lebendige Kraft.

Durch das rasche Zusammenpressen der Luft auf etwa 32 at Druck entsteht eine Kompressionstemperatur von rd. 600°, wodurch die sichere Entzündung des Brennstoffes gewährleistet wird.

Kurz vor Beendigung des Kompressionshubes, wenn die Temperatur am höchsten angestiegen ist, wird durch Druckluft der Brennstoff eingeblasen, der sich in fein zerstäubtem Zustande sofort an der heißen Luft entzündet.

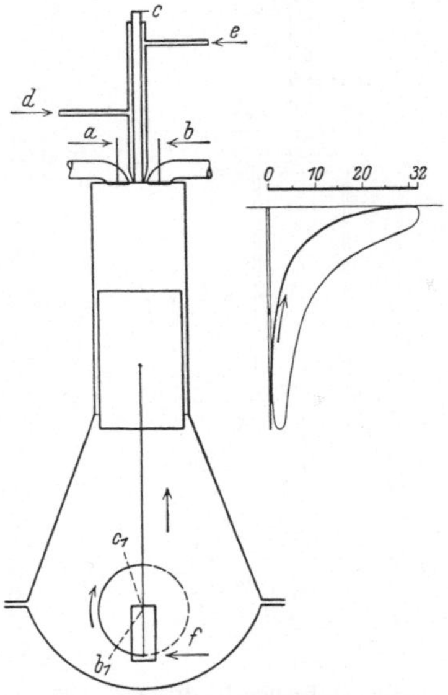

Abb. 2. Beginn des zweiten Taktes (Kompressions- oder Verdichtunghub). *a* Saugventil, *b* Auspuffventil, *c* Brennstoffventil, *d* Brennstoffleitung, *e* Druckluftleitung, *f* Unterer Totpunkt.

Die Kompressionslinie ist im nebenstehenden Arbeitsdiagramm besonders hervorgehoben und nimmt die Richtung von unten nach oben, der Kolbenbewegung der Maschine entsprechend.

4. Dritter Takt: Verbrennungs- und Ausdehnungshub.

Nur während dieses Taktes, das heißt während jeden dritten Hubes, wird Arbeit an die Kurbelwelle abgegeben (Abb. 3).

Das Brennstoffventil wird geöffnet bei c_1 kurz vor dem oberen Totpunkt und schließt, etwa 40° später, bei d_1.

Während dieser Öffnung wird durch Druckluft von 45 bis 70 at, je nach der Belastung, der Brennstoff fein zerstäubt in das Innere des Zylinders geblasen.

Die im Zylinder vorhandene Kompressionstemperatur von etwa 600⁰ bringt den Brennstoff sofort zur Entzündung, worauf eine allmähliche Verbrennung bei gleichbleibendem Drucke mit einer Höchsttemperatur von etwa 1800⁰ stattfindet.

Sowohl durch die Verbrennung wie durch die nachfolgende Ausdehnung wird bis zum Hubende Arbeit verrichtet.

Im untenstehenden Arbeitsdiagramm ist die Verbrennungs- und Ausdehnungslinie besonders hervorgehoben.

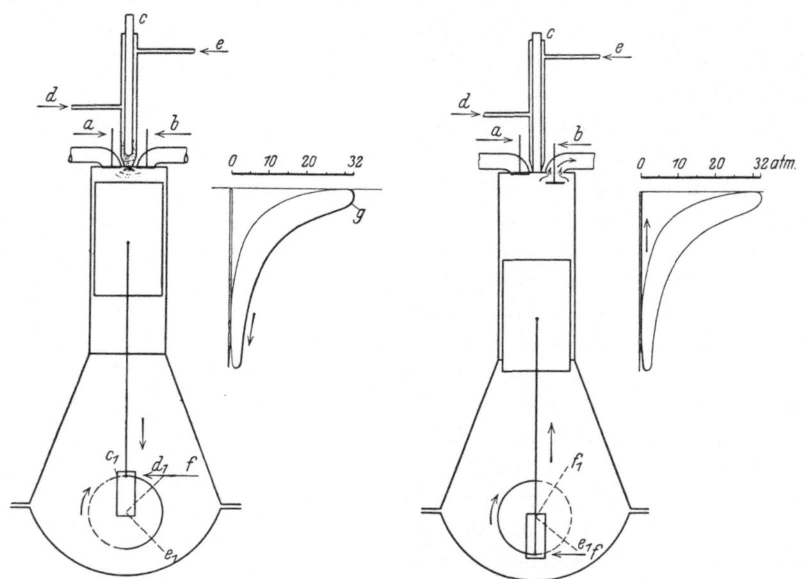

Abb. 3. Beginn des dritten Taktes (Verbrennungs- und Ausdehnungshub).
a Saugventil, *b* Auspuffventil, *c* Brennstoffventil, *d* Brennstoffleitung, *e* Druckluftleitung, *f* Oberer Totpunkt.

[Abb. 4. Beginn des vierten Taktes (Auspuffhub).
a Saugventil, *b* Auspuffventil, *c* Brennstoffventil, *d* Brennstoffleitung, *e* Druckluftleitung, *f* Unterer Totpunkt.

In den vier Arbeitsdiagrammen Abb. 5 bis 8 ist die Entwicklung der Verbrennungs- und Ausdehnungslinie von Leerlauf bis Vollast ersichtlich. Der Zündpunkt ist überall mit a bezeichnet.

5. Vierter Takt: Auspuffhub.

Durch die vierte halbe Kurbeldrehung, vom unteren Totpunkt nach dem oberen Totpunkt, wird der Kolben in das Innere des Zylinders zurückgeschoben, wobei die verbrannten Gase durch das geöffnete Auspuffventil entweichen müssen (Abb. 4).

Das Auspuffventil öffnet bei Kurbelstellung e_1, 40 bis 50^0 vor dem unteren Totpunkt, und schließt bei f_1, 10 bis 20^0 nach dem oberen Totpunkt.

Nach dem Ausstoßen der verbrannten Gase, am Ende dieses Hubes, beginnt das Spiel von neuem mit dem ersten Takt, wie in Abb. 1 angegeben.

Im nebenstehenden Arbeitsdiagramm ist die Auspufflinie besonders hervorgehoben und verläuft wie die Kolbenbewegung von unten nach oben.

Die abziehenden Gase, welche das Auspuffventil umspülen, haben noch die bedeutende Temperatur von über 400°; während eines jeden vollen Arbeitsspieles findet im Zylinder ein Temperaturwechsel von 300 bis 1800° statt.

6. Zweitaktwirkung.

In den Zweitaktmaschinen besteht ein voller Arbeitsgang aus zwei Takten, so daß während jeder Umdrehung ein Arbeitshub vorkommt. Dies wird durch Entfall des Auspuff- und des Ansaugehubes erreicht. Die verbrannten Gase werden am Schluß des Verbrennungshubes durch komprimierte Luft aus dem Zylinder ausgetrieben, worauf der Zylinder mit Luft, die ebenfalls unter höherem Druck als der atmosphärische Druck steht, gefüllt wird. Da diese Vorgänge gewissermaßen zwischen Ausdehnungshub und Verdichtungshub eingeschaltet sind, also nur geringe Zeit für sie vorhanden ist, so müssen die Querschnitte, durch welche die Abgase ausgetrieben und die Frischluft eingeführt wird, sehr groß sein. Man führt aus diesem Grunde die Zweitaktmaschinen nicht mit Ein- und Auslaßventil aus, sondern mit Schlitzen, die vom Kolben gesteuert werden.

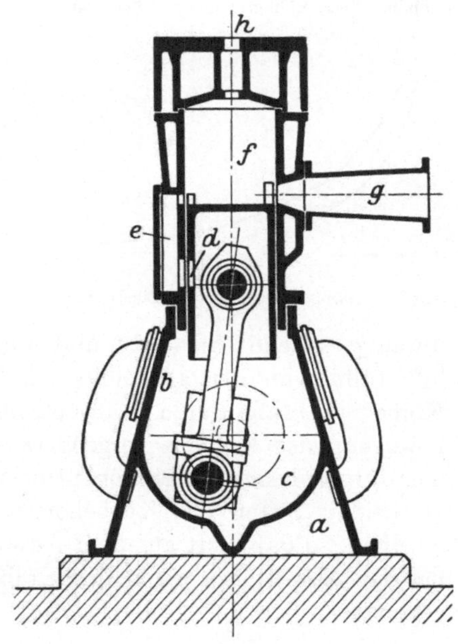

Abb. 4a.
a Ansaugeraum, *b* Saugventile, *c* Verdichtungsraum, *d* Kolbenschlitze für Luftüberströmung, *e* Überströmkanal, *f* Arbeitsraum, *g* Auspuffrohr.

Die Luft zum Ausspülen und Auffüllen des Zylinders kann in besonderen Gebläsen verdichtet werden, wie das bei großen Maschinen geschieht, oder man benutzt zu diesem Zweck den Kurbelkastenraum, was bei kleineren Maschinen sehr gebräuchlich ist und die Maschinenanlage stark vereinfacht. Eine Ausführung der letzteren Art ist in Abb. 4a wiedergegeben. Der Kolben ist auf dem Wege nach dem unteren Totpunkt, so daß in dem Kurbelkastenraum *c* die Luft durch den abwärtsgehenden Kolben verdichtet wird. Der Kolben hatte auf diesem Wege zunächst die Auspuffschlitze freigelegt, so daß die Auspuffgase infolge ihres höheren Druckes durch das Rohr *g* abströmen. In der gezeichneten Stellung steht der Kurbelkastenraum durch die Schlitze *d* und dem Überströmkanal *e* mit dem Arbeitsraum *f* in Verbindung, so daß die in *c* befindliche, komprimierte Luft die Abgase

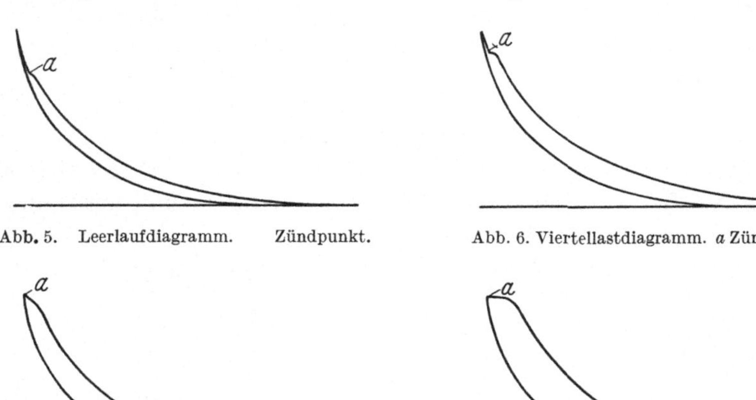

Abb. 5. Leerlaufdiagramm. Zündpunkt.

Abb. 6. Viertellastdiagramm. *a* Zündpunkt.

Abb. 7. Halblastdiagramm. *a* Zündpunkt.

Abb. 8. Vollastdiagramm. *a* Zündpunkt.

durch *g* vollends austreibt und gleichzeitig den Zylinder mit Frischluft füllt, von der allerdings ein Teil durch den aufwärtsgehenden Kolben ebenfalls durch *g* ausgetrieben wird. Während der Aufwärtsbewegung des Kolbens vergrößert sich der Raum *c*, der Druck sinkt hier infolgedessen unter den atmosphärischen Druck, worauf sich die an beiden Seiten des Kurbelkastenraumes angeordneten Saugventile *b* öffnen, so daß Luft aus dem Ansaugeraum *a* nach *c* strömt, die dann bei der Abwärtsbewegung des Kolbens verdichtet wird, wie oben angegeben.

II. Bedienung.

Die Dieselmaschine hat die in den ersten Entwicklungsjahren aufgetretenen sogenannten Kinderkrankheiten sehr schnell überwunden und ist heute ebenso betriebssicher und verläßlich wie ihre um über 100 Jahre ältere Schwester, die Dampfmaschine.

Betriebssicherheit und Wirtschaftlichkeit kann aber auch die idealste Maschine nur dann ergeben, wenn sie von den Menschen verständnisvoll und mit Geschicklichkeit behandelt wird.

Es ist eine bekannte Tatsache, daß für Dampfmaschinenbetrieb überall praktisch erfahrenes Personal im Übermaß vorhanden ist, während für jede neue Dieselmaschine uneingeweihtes Personal herangezogen werden muß, dem in der kurzen Spanne Zeit oft nur mühselig die allernotwendigsten Handgriffe beigebracht werden können, weil für eine ausführliche Instruktion die Aufnahmefähigkeit überhaupt nicht vorhanden ist.

Die Behauptung, daß für den Dieselmotorenbetrieb ein gelerntes Personal nicht erforderlich ist, will nicht besagen, daß jedermann den Betrieb mit Frfolg führen kann.

Im Gegenteil, weil eine Lern- oder Prüfungspflicht für diesen Betrieb nicht besteht, so soll man bei der Auswahl des Personals doppelt vorsichtig sein, denn zu einer erfolgversprechenden, wirtschaftlichen Betriebsführung gehört in erster Linie die Auswahl geeigneten Personals.

Deshalb sollen zur Anlernung immer nur Leute in Vorschlag gebracht werden, welche die folgenden Grundeigenschaften besitzen: Ordnungssinn, Beobachtungsgabe, Geschicklichkeit.

Auch ist es von Vorteil, wenn der zukünftige Maschinist im Maschinenbau als Schlosser, Dreher oder Mechaniker tätig war.

Daß man mit dem Dampfmaschinenpersonal im Umlernen vielfach keinen guten Erfolg erzielt hatte, ist vielleicht darin begründet, daß eine zusammenfassende, leichtverständliche Anleitung über alle vorkommenden Instandhaltungsarbeiten als einziges Mittel zur Verhütung von Störungen fehlt. Denn gerade bei den Instandhaltungsarbeiten ist der Unterschied zwischen Dampfmaschine und Dieselmotor am größten.

Schließlich ist für eine verständnisvolle Behandlung auch die Kenntnis des Arbeitsvorganges in der Dieselmaschine erforderlich.

Alle, wie immer gearteten Betriebsstörungen, vorzeitige Abnützung und kostspielige Reparaturen werden stets durch unrichtige Behandlung des Dieselmotors hervorgerufen.

1. Vorbereitungen zur Inbetriebsetzung.

Die Vorbereitungsarbeiten für das Anlassen der Maschinen haben immer so früh zu beginnen, daß alles mit Ruhe und ohne Überstürzung gut eingestellt, abgeschmiert und nachgesehen werden kann, um so ein sicheres und fehlerfreies Anlassen auf die Minute zu gewährleisten.

Zu den normalen kurz vor dem Anlassen auszuführenden Vorbereitungsarbeiten gehören aber keineswegs die Prüfungen der Zylinder auf gute Kompression oder die Kontrolle der Ventile auf gutes Dichten und leichte Beweglichkeit, auch nicht das Einstellen des Spiels zwischen Steuerscheiben und Hebelrolle, überhaupt keine Ausführung von Instandhaltungsarbeiten oder Vornahme von außergewöhnlichen Proben.

Vielmehr hat jede Einstellung oder Probe während der Betriebspausen zu geschehen, damit die Vorbereitungen für das Anlassen und das Anlassen selbst stets ohne Verzögerung und mit Ausschluß von Ablenkungen oder Überraschungen stattfinden kann.

Es ist für den Betrieb selbst gewiß nicht von Vorteil und macht auch den allerschlechtesten Eindruck, wenn der Maschinenmeister oder Maschinist kurz vor dem Anlassen alles mögliche entdeckt und an der Maschine zu probieren und herumzuschrauben beginnt.

Gewöhnlich führt ein solches Vorgehen zu Überhastung und zum fehlerhaften Anlassen.

Normalerweise sind also die Vorbereitungen für die Inbetriebsetzung immer dieselben, denn ist die Maschine richtig instand gehalten, so wird auch volle Betriebssicherheit ohne weiteres vorhanden sein.

Vor allem wird der Motor in Anlaßstellung gebracht, sofern das nicht schon früher geschehen ist.

Die Anlaßstellung fällt in den Beginn des dritten Taktes (Verbrennungshub, Abb. 3), doch muß die Kurbel um einige Grade nach dem oberen Totpunkt eingestellt werden. Nur in dieser Stellung ist das Anlaßventil bei umgelegtem Anlaßexzenterhebel geöffnet.

Sollte eine gut erkennbare Bezeichnung der richtigen Anlaßstellung am Schwungrad, an der Steuer- oder Regulatorwelle nicht vorhanden sein, so ist es von Vorteil, eine auffallende Bezeichnung sofort so anzubringen, daß der das Schaltwerk Bedienende mit Leichtigkeit überblicken kann, wann die richtige Anlaßstellung erreicht ist.

Befindet sich der Motor in Anlaßstellung, so wird bei jedem Zylinder der Entlüftungs- oder Sperrhebel, der zur Aufhebung der Kompression dient, zurückgenommen.

Nun ist der Anlaßexzenterhebel bei jenem Zylinder, der sich in der Anlaßstellung befindet und in den die Anlaßluft zuerst eintreten wird, in „Neutralstellung" zu belassen, die anderen Anlaßexzenterhebel aber sind sofort in die Anlaßstellung zu bringen. Bei Motoren, bei denen die Anlaßexzenterhebel gemeinsam betätigt werden, ist der Hebel auf „Neutralstellung" zu belassen, oder dorthin zu bringen (Abb. 9).

Weiterhin wird der Brennstoffbehälter aufgefüllt, und alle Absperrhähne in der Leitung bis zur Pumpe werden geöffnet. Von Zeit zu Zeit werden auch die Ablaßhähne am Behälter, Filter, Schwimmer oder Pumpe versuchsweise geöffnet, um angesammeltes Wasser abzulassen.

Hierauf wird die Brennstoffpumpe auf Anlaß eingestellt und am Probierhahn das gute Arbeiten der Pumpe überprüft und schließlich das Vorpumpen ausgeführt.

(Über abweichende Konstruktionen, Einstellung, Entlüftung und richtiges Vorpumpen siehe an anderer Stelle unter „Brennstoffpumpe".)

Die Kondenswasser-Ablaßhähne am Zwischenkühler oder am Kompressor sind zu schließen, das Regulierventil für den Lufteintritt ist etwas zu öffnen.

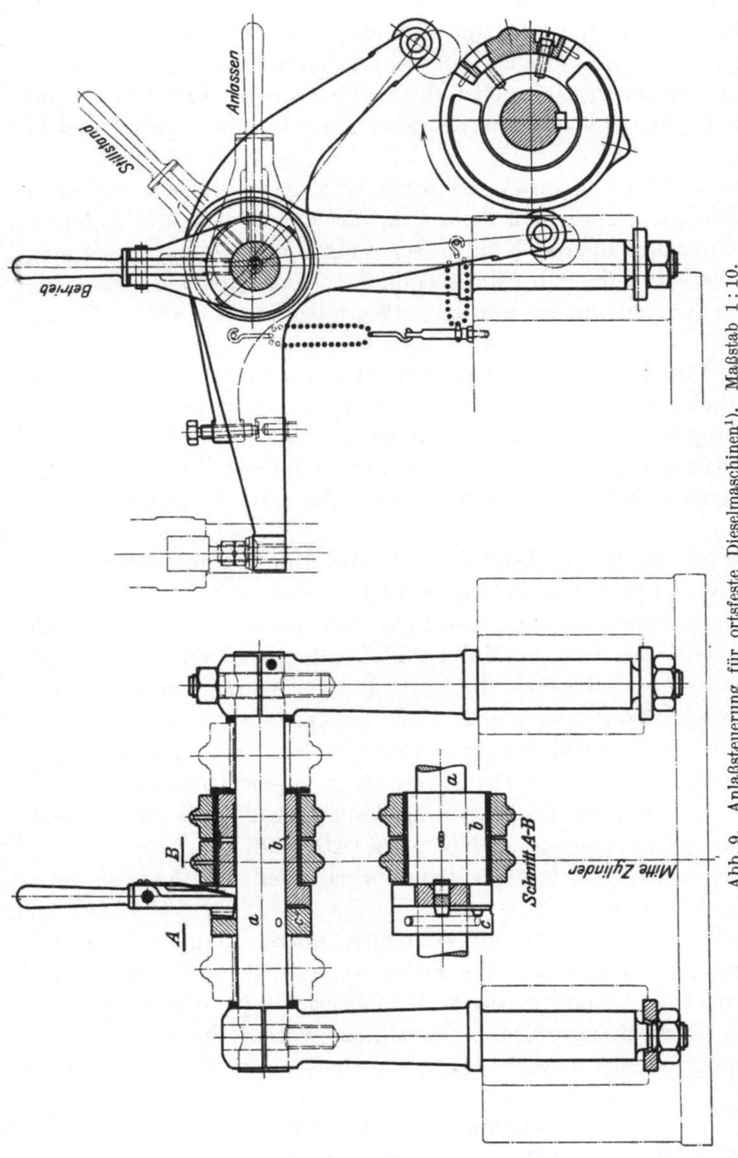

Abb. 9. Anlaßsteuerung für ortsfeste Dieselmaschinen[1]). Maßstab 1 : 10.

Zapfen *a*, der unveränderlicher Drehpunkt der Steuerhebel für Saug- und Auspuffventil ist, wird von einer exzentrischen Buchse *b* umfaßt, die als Lager für die Hebel des Brennstoff- und Anlaßventils dient. Der Drehpunkt dieser Hebel wird durch Verdrehen der Buchse *b* mittels des Handgriffes, der in Nuten einer Scheibe *c* festgestellt werden kann, so verlegt, daß die Rolle des Anlaßhebels in den Bereich, die Rolle des Brennstoffventils außerhalb des Bereiches ihrer unrunden Scheibe gelangen. Zwischen Betriebs- und Anlaßstellung ist eine Stellung des Handgriffes für Stillstand vorgesehen, bei der sowohl Brennstoff- als Anlaßventil geschlossen sind. Deshalb auch als Neutralstellung bezeichnet.

[1]) Dubbel: Öl- und Gasmaschinen. Berlin: Julius Springer. 1926.

Alle am Motor vorhandenen Schmierstellen sind so abzuölen, daß ein zweckloses Überlaufen nicht stattfindet. Die Schmierölbehälter,

Pressen und Öler werden mit dem dazu bestimmten Öl gefüllt und vorhandene Staufferbüchsen nachgezogen.

Bei kalter Jahreszeit und tiefer Temperatur im Maschinenraum ist wegen der Dickflüssigkeit des Öles große Vorsicht geboten. Ein vorhergehendes Anwärmen der Leitungen und des Öles ist dann unerläßlich.

Die Steuerscheiben werden, wenn nicht durch besondere Konstruktion eine Schmierung durch Eintauchen der Nocken in Öl vorgesehen ist, mit dickflüssigem Dampfmaschinenzylinderöl mittels eines Pinsels leicht bestrichen.

Der Hahn für den Kühlwassereintritt wird ganz geöffnet und nach kurzer Durchspülung auf den Anfangsbedarf eingestellt. Bei Anlagen, wo die Abflußrohre für das Kühlwasser nicht die ganze zur Verfügung stehende Wassermenge aufnehmen können, muß eine entsprechende Abänderung vorgenommen werden. (Weiteres unter „Die Kühlung des Motors“.)

Nun wird noch einmal nachgesehen, ob das Schwungradschaltwerk richtig zurückgelegt ist und nichts Störendes — weder Werkzeuge, noch Putzlappen — am Motor herumliegen.

Bei Druckschmierung ist mit der Handpumpe der Ölumlauf in Betrieb zu setzen und bei jeder Schmierstelle das gute Funktionieren zu beobachten.

(Wo Druckschmierung besteht und eine Handpumpe noch nicht vorhanden ist, empfiehlt es sich, eine solche anzubringen.)

Nachher sind alle Tropföler, sowohl an den Zentralschmierapparaten wie auch die einzelnen Öler am Motor und Kompressor, den Bedürfnissen entsprechend einzustellen, der Öleintritt in die sogenannten Schleuder- oder Zentrifugalschmierringe der Kurbelschmierung ist zu kontrollieren.

Dann wird das Überfüllventil am Einblasegefäß (vorderes Handrad) geöffnet. Sollte ein höherer Druck als 45 at vorhanden sein, so wird der Überschuß durch das Entwässerungsventil abgeblasen, worauf auch das Überfüllventil wieder zu schließen ist (Abb. 10).

Ist im Einblasegefäß weniger Druck vorhanden als 45 at, so wird vom Anlaßgefäß übergefüllt.

Im Anlaßgefäß soll der Druck 50 at nicht übersteigen, auch hier ist höherer Druck durch das betreffende Entwässerungsventil abzublasen.

Nun sind beide Absperrventile am Einblasegefäß (Zutritt vom Kompressor und Austritt zum Motor) zu öffnen, worauf die sofortige Inbetriebsetzung folgendermaßen vorzunehmen ist.

2. Anlassen der Maschine.

Öffnen des Hauptventils am Anlaßgefäß, dann ohne Zeitverlust Umstellen des Anlaß-Exzenterhebels von der Neutralstellung in die Anlaßstellung. Nach einigen Umdrehungen werden die Exzenterhebel

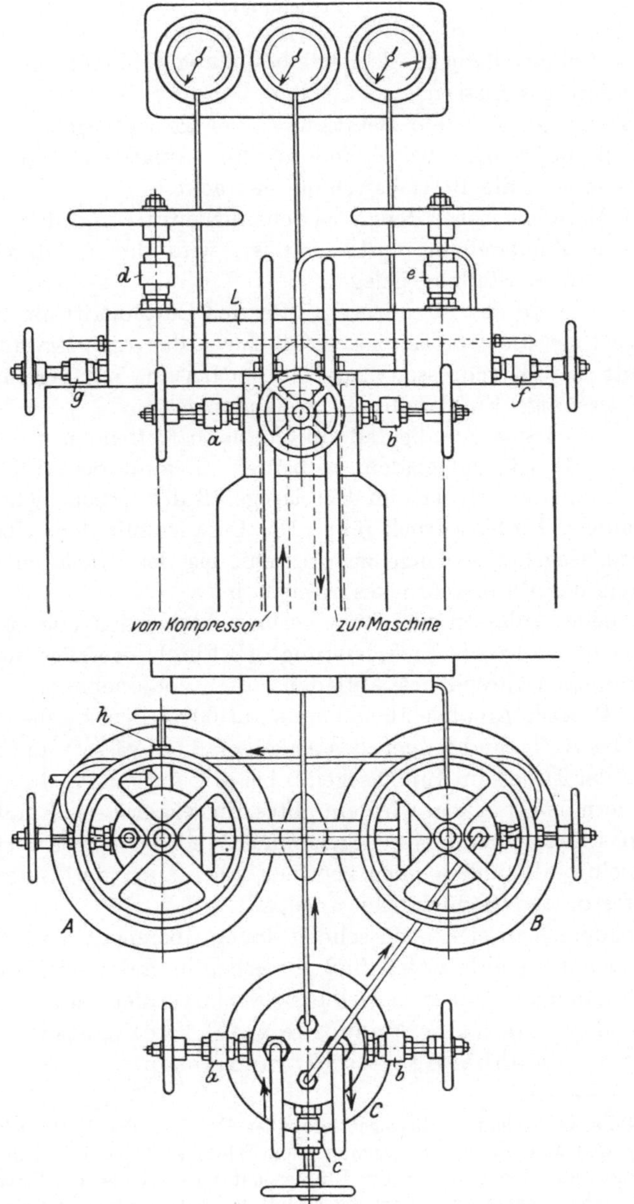

Abb. 10. Anordnung der Anlaßgefäße. Ausführung der Maihak A.-G. Hamburg. Maßstab 1 : 8[1]). *A*, *B* Anlaßgefäße, *C* Einblaseflasche, *a* Absperrventil der Leitung vom Verdichter, *b* Absperrventil der Leitung zur Maschine, *c* Absperrventil der Überfülleitung zwischen Einblase- und Anlaßflasche, *d*, *e* Absperrventile zur Anlaßleitung, *f*, *g* Absperrventile zur Überfülleitung, *h*, *l* Ablaßventil, *L* zur Anlaßleitung führendes Verbindungsrohr zwischen den Gefäßen *A* und *B*. Anlaßleitung: Stahlrohr; Einblaseleitung: Kupfer- oder Stahlrohr; 1 Manometer, 20 at, für Niederdruckzylinder; 1 Manometer, 100 at, für Einblaselflasche; 1 Manometer, 100 at, für Anlaßflasche. Bei dreistufigen Verdichtern: 1 Manometer von 50 at, für Mitteldruckstufe.

[1]) Dubbel: Öl- und Gasmaschinen. Berlin: Julius Springer. 1926.

von der Anlaßstellung in die Betriebsstellung gebracht, das Anlaßgefäß wird sofort geschlossen.

Wo eine gemeinsame Betätigung aller Exzenterhebel nicht vorgesehen ist, da werden bei Zylindern ohne Anlaßventile die Exzenterhebel zuerst in die Betriebsstellung gebracht.

Bei Maschinen, bei denen zwischen Neutral- und Betriebsstellung noch eine Zündstellung vorhanden ist, wird der Anlaßexzenterhebel zuerst in diese Stellung gelegt.

Hierauf wird das Regulierventil für den Lufteintritt am Kompressor ganz geöffnet und am Einblasegefäß durch das Absperrventil die Einblaseluft so weit gedrosselt[1]), daß in der Leitung nur der für den Leerlauf notwendige Einblasedruck vorhanden ist.

Nun wird das Anlaßgefäß durch die betreffenden Überfüllventile auf 50 at Druck aufgeladen, wobei am Beginn des Aufladens sehr darauf zu achten ist, daß im Einblasegefäß der Druck nicht unter den notwendigen Einblasedruck fällt. Die Luft ist mit dem Überfüllventil am Einblasegefäß so lange zu drosseln, bis der Druck im Anlaßgefäß die Höhe des Einblasedruckes erreicht hat.

Ist beim Anlassen viel Luft verbraucht worden oder ist die Luft sehr feucht, so ist die Entwässerung des Einblasegefäßes und des Zwischenkühlers während des Aufladens öfter vorzunehmen.

Das Reserve-Anlaßgefäß soll stets auf 60 at Druck gehalten werden.

Ist das Aufladen beendet, das Anlaßgefäß entwässert und abgesperrt, so wird der Druck im Einblasegefäß bis auf den notwendigen Einblasedruck vermindert, dabei wird ein gutes Entwässern des Einblasegefäßes sowie des Zwischenkühlers vorgenommen und das Absperrventil für die Einblaseluft allmählich ganz geöffnet, aber auch der Lufteintritt am Kompressor den Bedürfnissen angepaßt.

Nachdem man sich noch schnell davon überzeugt, daß die Schmierung sowie der Kühlwasserabfluß gut arbeiten und auch ein reiner Auspuff vorhanden ist, kann man die Belastung stufenweise steigern.

Nie darf die kalte Maschine sofort voll belastet werden. Es ist stets ohne Belastung anzulassen.

---

[1]) Nicht bei jedem Einblasegefäßkopf ist Drosseln der Einblaseluft möglich. Zeigt das Manometer bei geschlossenem Einblaseabsperrventil den Druck im Gefäß und nicht den Druck in der Einblaseleitung an, so ist ein Drosseln wie angegeben nicht möglich, weil man den Druck der gedrosselten Luft am Manometer nicht ablesen kann.

Der vielen Vorteile wegen empfiehlt sich dann eine Änderung, die natürlich nur ein Fachmann oder die Fabrik ausführen kann.

Die Manometerleitung soll ebenso wie die Einblaseleitung erst hinter dem Absperrventilsitz angeschlossen werden.

Ein Druck-Ablaßventil für das Manometer ist dann nicht mehr nötig. Der alte Anschluß wird blind geschlossen.

Sollte das Anlassen versagen, indem die Maschine in Bewegung kommt, bevor noch der betreffende Anlaßexzenterhebel in die Anlaßstellung gebracht wurde, so ist eines der Anlaßventile undicht geworden, weshalb sofort alle Absperrventile an den Luftgefäßen zu schließen sind.

Die Zylinder werden nun entlüftet, die Anlaßexzenterhebel in die Neutralstellung gegeben und der Motor in die Anlaßstellung gebracht, um das neuerliche Anlassen ohne Zeitverlust in folgender Weise auszuführen. *Alle Anlaßexzenterhebel werden in die Anlaßstellung gebracht.*

Hierauf werden Einblase- und Anlaßdruck überprüft, worauf die Absperrventile am Einblasegefäß geöffnet werden, um dann durch Öffnen des Hauptventils am Anlaßgefäß die Maschine sofort in Bewegung zu setzen.

Bis die Maschine die nötige Schnelligkeit erreicht hat, *verweilt man beim Anlaßgefäß, um dieses dann sofort zu schließen,* worauf man ohne Zeitverlust die Anlaßexzenterhebel in die Betriebsstellung bringt.

Auf diese Weise wird der Brennstoff erst dann eingespritzt, wenn die Gefahr eines abnormal hohen Kompressionsdruckes nicht mehr besteht, denn durch die Absperrung des Anlaßgefäßes wurde auch der Verlust des fehlerhaften Anlaßventils und der damit verbundene hohe Kompressionsdruck beendet.

Es ist selbstverständlich, daß das fehlerhafte Anlaßventil in der ersten Betriebspause in Ordnung zu bringen und auszuprobieren ist, damit wieder in normaler Weise angelassen werden kann.

(Wie der hohe Kompressionsdruck durch ein fehlerhaftes Anlaßventil entsteht, wird durch das Schema in Abb. 11 dargestellt und auch später ausführlicher besprochen.)

Beim Schließen des Anlaßgefäßes wird sehr häufig gesündigt, indem das Anlaßventil zu stark angezogen oder gar mit dem Handrad angeschlagen wird.

Es wird fast nie bedacht, daß die vorangegangene Expansion der Anlaßpreßluft beim Durchströmen des Ventils stark abkühlend wirkte und infolgedessen eine Zusammenziehung des Ventils verursachte.

Das in sehr kaltem Zustande abgeschlossene Ventil nimmt später die im Maschinenraum herrschende Temperatur an und verursacht durch die Ausdehnung der Spindel ein um so stärkeres Anpressen an den Ventilsitz.

Das Maschinenpersonal findet es sehr oft ganz unerklärlich, warum das Anlaßventil so schwer aufzubringen ist.

Die beweglichen Handräder an den Ventilspindeln sollen nicht zum Anschlagen beim Schließen der Ventile benützt werden, sondern einzig und allein zum Öffnen derselben.

3. Wartung während des Betriebes.

Die Wartung ist sehr einfach und beschränkt sich auf folgende Punkte:

Halten des Einblasedruckes auf der für die jeweilige Belastung bestimmten Höhe.

Alle 30 bis 40 Minuten rasches Ablassen des Kondenswassers von Zwischenkühler und Einblasegefäß.

Beobachtung des Auspuffes. Wird etwas Rauch bemerkt, so ist beim Vorhandensein mehrerer Zylinder durch Öffnen der Probierhähne an den Auspuffkrümmern festzustellen, welcher von den Zylindern den unreinen Auspuff hat, um nach Stillsetzen der Maschine den Fehler leichter finden und beheben zu können, aber auch, was sehr wichtig ist, den betreffenden Zylinder sofort reichlicher zu schmieren.

(Wo Probierhähne zur Kontrolle des Auspuffes nicht vorhanden sind, empfiehlt es sich, solche sofort anbringen zu lassen.)

Aber auch während des Betriebes ist auf das betreffende Auspuffventil wegen der Verschmutzung und damit verbundenen Gefahr des Hängenbleibens ein besonderes Augenmerk zu richten und ein öfteres Schmieren mit reinem Petroleum oder mit Öl gemischtem Petroleum vorzunehmen.

Das zur Gewohnheit gewordene ofte und übermäßige Schmieren der Ventile bietet aber durchaus keine Gewähr gegen das Hängenbleiben, sondern in dieser Beziehung kann nur reiner Auspuff, gutes Schließen und zwangloses Arbeiten des Ventils als Vorbedingung gelten.

Arbeitet der Motor mit Vollast, so kann die Ursache des unreinen Auspuffes in einer ungleichen Verteilung der Arbeitsleistung auf die Zylinder liegen.

Sehr häufig wird die Einstellung nur im Leerlauf vorgenommen, wobei sich dann bei Vollast große Abweichungen ergeben können.

Gleiche Leistungsverteilung auf die Zylinder wird am besten eingestellt oder kontrolliert, indem man je nach der Zylinderzahl den Motor halb bis dreiviertel belastet, nach einer Weile einen bestimmten Zylinder ausschaltet und sich nach Beruhigung des Regulators die Umdrehungen pro Minute oder, bei elektrischem Betriebe, die Spannung genau aufnotiert. Der ausgeschaltete Zylinder wird nachher wieder belastet und in der Folge dasselbe mit den anderen Zylindern vorgenommen.

Nach diesem Ergebnis werden die Brennstoffpumpen (oder Verteiler) nachreguliert, bis eine vollständige Belastungsverteilung erzielt wird.

Von halber zu halber Stunde ist die Beobachtung und Befühlung aller wichtigen und zugänglichen Teile, wie Lager, Gleitstellen, Exzenter, Kompressor und auch aller Zylinderbüchsen an der untersten Führungsstelle vorzunehmen. Eine regelwidrige Erwärmung muß fortgesetzt beobachtet werden; auch wenn noch keine unmittelbare Gefahr vorhanden ist, muß nach Stillsetzen der Maschine die Ursache der ungewöhnlichen Erwärmung festgestellt und behoben werden.

In gleichen Zeitabständen ist die Schmierung und das richtige Funktionieren aller Tropföler zu prüfen.

Bei hoher Belastung muß eine ausgiebigere Zylinderschmierung als bei mittlerer oder geringer Belastung vorgenommen werden.

Der Wasserablauf ist bei jedem Zylinder nachzusehen.

Die Ablauftemperatur soll bei kleinen Motoren nicht über 55^0 und bei großen Maschinen nicht über 45^0 steigen. (Näheres darüber unter „Die Kühlung des Motors").

Öl und Brennstoff sind rechtzeitig aufzufüllen.

Das aus der Grundplatte ablaufende Öl ist von Zeit zu Zeit in den Trichter des Warmreinigers zu gießen. Ebenso jedes andere gebrauchte oder noch so schmutzige Öl. (Siehe unter „Schmierung und Wiedergewinnung des gebrauchten Öles".)

Dann hat der Maschinist die zum Betriebe vorgesehenen Hilfseinrichtungen, wie Transmissionen, Pumpen usw. abzuölen, anzustellen und das gute Arbeiten zu überprüfen. Bei Gradierwerken ist für rechtzeitige Rückkühlung und Hebung des gekühlten Wassers zu sorgen.

4. Abstellen des Motors.

Ventile, die Neigung zum Hängenbleiben aufweisen, werden vor dem Abstellen mit einer Mischung von Petroleum und Zylinderöl geschmiert.

Dann wird die Maschine entlastet und hernach die Brennstoffpumpe außer Betrieb gesetzt. Wird der Brennstoffzufluß zur Pumpe durch einen Schwimmer geregelt, so ist die Leitung zu diesem Schwimmer sofort abzusperren.

Die Anlaßexzenterhebel werden dann ohne Übereilung in die „Neutralstellung" gebracht, dabei soll aber der Einblasedruck noch 50 at betragen, damit der Zerstäuber und die Düse gut durchgeblasen und von Brennstoff ganz gereinigt werden, bevor man die Brennstoffnadel außer Tätigkeit setzt.

Dann werden die Zentralschmierapparate und alle Tropföler abgestellt.

Schließen des Lufteintrittes am Kompressor.

Kurz vor dem Stehenbleiben der Maschine werden die Entlüftungshebel zur Verhinderung der Kompression eingestellt.

Nach dem Stehenbleiben der Maschine.

Schließen der beiden Absperrventile am Einblasegefäß, Öffnen der Entwässerungsventile an Zwischenkühler und Ölabscheider. Schließen der Absperrhähne in der Brennstoffleitung und Entlüften der Manometer.

Bei Motor und Kompressor sind auf abnorme Erwärmung zu untersuchen: Kolbenzapfenlager, Kolben, Zylinderbüchsen, Kurbellager usw.; auf Lockerung sind Treibstangen, Schleuderring und Gegengewichtsschrauben oder Muttern zu untersuchen.

Es ist überhaupt zu empfehlen, nicht nur alle beweglichen Teile abzutasten, sondern von Zeit zu Zeit auch alle Befestigungen und Sicherungen, seien es nun Schrauben oder Keile, Muttern oder Stifte, auf Lockerung zu prüfen.

War am Motor nichts Ungewöhnliches zu entdecken und sind keine Instandhaltungsarbeiten vorzunehmen, so wird die Maschine in die Anlaßstellung gebracht, hierauf werden alle Entlüftungshebel zurückgenommen, damit alle Ventile geschlossen sind.

Das Kühlwasser wird erst 10 bis 15 Minuten nach dem Stehenbleiben der Maschine abgestellt.

Dann wird die übliche Reinigung vorgenommen, hierzu soll man aber nicht Putzwolle oder Lappen verwenden, die Staub oder Fasern zurücklassen.

Bei Frostgefahr ist das Wasser aus allen Kühlräumen und Rohrleitungen abzulassen.

5. Beispiele und Erfahrungen über die zumeist geübte unvorteilhafte Inbetriebsetzung.

Um die absolute Notwendigkeit des Anlassens nach den vorstehenden Angaben begreiflicher zu machen, sollen einige Beispiele und Erfahrungen über unrichtiges Anlassen hier Platz finden.

Bei der Übergabe eines Zweizylindermotors ist das Personal für richtiges Anlassen abgerichtet worden und trotzdem hat der Besitzer vor Ablauf eines Jahres, wegen eines angeblichen Konstruktionsfehlers, den Einbau von Sicherheitsventilen für die Arbeitszylinder verlangt. Zur Begründung dieses Verlangens wurde auf die zerrissenen Einblaserohre verwiesen, die man schon fünfmal erneuerte; zuletzt zerriß sogar ein Einblaserohr mit größerer Wandstärke. Die Bedienung gestaltete sich deshalb sehr gefährlich, und der Maschinist hatte eine heillose Angst vor dem Zerreißen des Einblaserohrs, weil ihn der Knall immer für kürzere Zeit taub machte.

Man versicherte, daß außer dem „Konstruktionsfehler" alles in bester Ordnung sei, daß der Motor gut arbeite und gerade die Brennstoffnadel des betreffenden Zylinders sehr leicht und zuverlässig funktioniere.

Hinzugezogen, stellte ich vor allem Maschinenmeisterwechsel und unrichtiges Anlassen fest.

Um nun die Sache für die Beteiligten lehrreicher zu gestalten, wurde zweimal gezeigt, daß die Maschine vorschriftsmäßig überhaupt nicht in Gang zu bringen war, da bei der geringsten Öffnung des Hauptventils am Anlaßgefäß sich das Schwungrad bewegte und der Kolben in der unteren Totpunktlage zum Pendeln gebracht wurde.

Nun wurde das Anlaßventil des betreffenden Zylinders herausgenommen und siehe da, im Ventilsitz war ein verbogener Nagel eingeklemmt und hatte auch schon eine Vertiefung in den Sitz eingeschlagen.

Des Rätsels Lösung war gefunden und hat auch alle Beteiligten davon überzeugt, daß nur unrichtiges Anlassen am Nichtauffinden des Fehlers schuld war, weil man eben dadurch das Anlaßventil nie einer Druckprobe unterzog.

In diesem Falle möchte ich besonders darauf hinweisen, daß der Leiter des Werkes ein Ingenieur war und der Maschinenmeister in Deutschland mit gutem Erfolge eine Werkmeisterschule absolviert hatte.

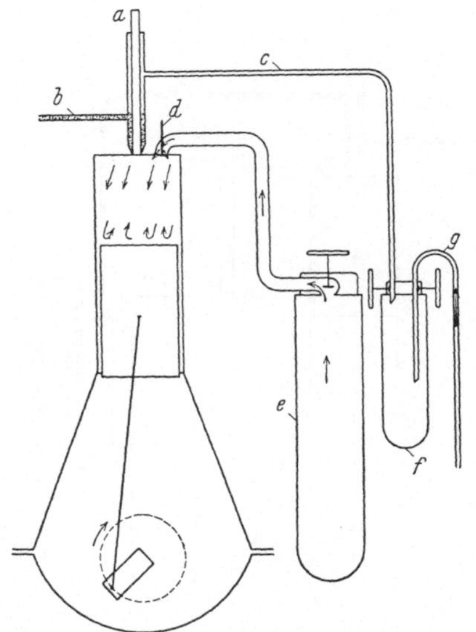

Abb. 11. Vorgang bei Inbetriebsetzung mit fehlerhaftem Anlaßventil.
a Brennstoffventil, *b* Brennstoffleitung, *c* Einblaseleitung, *d* Anlaßventil, *e* Anlaßgefäß, *f* Einblasegefäß, *g* Leitung vom Kompressor.

Unrichtiges Anlassen führt eben dahin, daß auch Personen mit den ausgezeichnetsten Kenntnissen irregeführt werden.

Das Platzen der Einblaserohre ist ein häufig wiederkehrendes Ereignis, wobei immer wieder dem Brennstoffventil oder der Nadel die Schuld beigemessen wird.

In Abb. 11 ist schematisch dargestellt, wie bei einem fehlerhaften Anlaßventil das Aufladen der Zylinderfüllung durch die Anlaßluft bei Beginn des Kompressionshubes vor sich geht. In Abb. 12 ersieht man dann, wie am Ende der Kompression durch den höheren Druck im Zylinder Druckluft und Brennstoff nach dem Einblasegefäß gefördert werden.

Das Durchströmen von Druckluft bei einem fehlerhaften Anlaßventil nimmt in den allermeisten Fällen während des Saughubes zu, verringert sich dann allmählich und hört ganz auf, wenn der Druck im Zylinder den auf die Gegenseite des Ventiles wirkenden Anlaßdruck übersteigt. Da dann der Überdruck im Zylinder das Ventil kräftig auf seinen Sitz preßt (das Ventil schließt von innen nach außen), ist ein Zurückströmen in die Anlaßleitung nur bei außergewöhnlichen Fehlern oder Ventilverbiegungen möglich.

Am Ende des Kompressionshubes hat der Druck dann gewöhnlich eine Höhe erreicht, die den Einblasedruck weit übersteigt, so daß ein Einblasen von Luft und Brennstoff zur Unmöglichkeit wird.

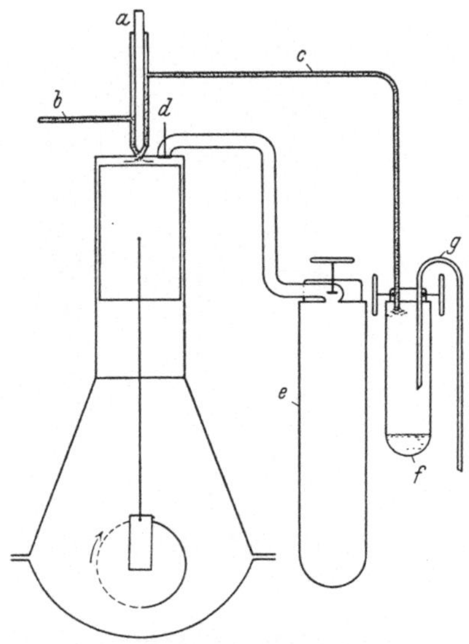

Abb. 12. Vorgang bei Inbetriebsetzung mit fehlerhaftem Anlaßventil.
a Brennstoffventil, *b* Brennstoffleitung, *c* Einblaseleitung, *d* Anlaßventil, *e* Anlaßgefäß, *f* Einblasegefäß, *g* Leitung vom Kompressor.

Logischerweise muß aber ein Ausblasen eintreten, sobald sich die Nadel öffnet; dadurch gelangt Brennstoff in die Einblaseleitung und wird dort zur Entzündung gebracht (siehe Abb. 12).

Sehr häufig tritt aber wegen der Expansion und der damit verbundenen Abkühlung in der Leitung keine Zündung auf. Der betreffende Zylinder beginnt erst dann zu arbeiten, wenn die Anlaßluft nicht mehr ausreicht, durch das fehlerhafte Anlaßventil eine den Einblasedruck übersteigende Kompression im Arbeitszylinder zu verursachen.

So arbeiten viele Motoren, wobei immer wieder bei der Inbetriebsetzung Brennstoff in die Einblaseleitung und schließlich bis in das Einblasegefäß gelangt und außerdem sehr schädliche hohe Kompressionsdrücke auftreten.

In solchen Fällen findet gewöhnlich während des Betriebes ein Zurückströmen in die Anlaßleitung nicht statt, weshalb das vorgeschriebene Befühlen dieser Leitung in der Nähe des Zylinders nicht zur Entdeckung des Fehlers führen kann.

Ein anderer Fall! Die Besitzer eines Elektrizitätswerkes ersuchten um die Inbetriebsetzung und das Ausprobieren einer in Generalreparatur befindlichen Maschine.

Man hatte gleich darauf aufmerksam gemacht, daß das Anlassen bei dieser Maschine immer sehr gefährlich war und hierbei des öfteren Einblase- und Anlaßleitungen zerstört wurden.

Nachdem die Anlaßventile auf gutes Schließen und leichte Beweglichkeit untersucht waren, machte man eine Druckprobe mit 45 at.

Kaum wurde das Hauptventil am Anlaßgefäß geöffnet, so öffneten sich auch durch den Druck beide Anlaßventile im Zylinderdeckel.

Dies wird besonders gut beobachtet, wenn man bei herausgenommenem Auspuffventil die Hand von innen mit dem Anlaßventil in Verbindung bringt und dann das Hauptventil des Anlaßgefäßes rasch auf- und zumachen läßt.

So wurde bei diesem Motor festgestellt, daß ein Anlaßventil mit 42 und das andere mit 39 at öffnete.

Die Inbetriebsetzung wurde stets mit 50 bis 60 at Druck vorgenommen, und man kann von Glück sagen, daß außer der Zerstörung von Rohrleitungen und Zylinderdeckel kein größeres Unheil angerichtet wurde.

Der Fehler würde früher entdeckt worden sein, wenn man von Zeit zu Zeit Druckproben vorgenommen hätte. Ein solcher Fehler bleibt aber nicht einen einzigen Tag unentdeckt, wenn die Maschine richtig angelassen wird.

Als ich einmal eine mir unterstellte, größere Dieselmotorenzentrale zum erstenmal betrat, hatte ich gegen Abend Gelegenheit, das unrichtige Anlassen bei drei Maschinen zu beobachten.

Nachdem man den Maschinenmeister darauf aufmerksam gemacht hatte, daß bei richtiger Inbetriebsetzung zuerst das Anlaßgefäß zu öffnen und erst nachher der betreffende Exzenterhebel in die Anlaßstellung zu verbringen sei, wurde zugleich für den nächsten Tag 8 Uhr morgens Anlernen sämtlicher Maschinisten anberaumt.

Das Anlernen konnte aber an diesem Tage leider nicht vorgenommen werden, weil unter den vier Maschinen auch nicht eine einzige war, deren Anlaßventile dem normalen Anlaßdrucke standgehalten hätte.

Außer vielen anderen Fehlern wurden drei lahme Ventilfedern, die zwischen 40 und 45 at öffneten, festgestellt.

Nachdem alle Anlaßventile in Ordnung waren und auch das neue Anlassen gut ging, gestand der Maschinenmeister, daß die Motore vorher niemals so ruhig und stoßfrei angelaufen seien.

Dabei ist auch in diesem Falle festzustellen, daß der Maschinenmeister ein äußerst tüchtiger Fachmann und ein fleißiger, ordnungsliebender Angestellter war.

Es ist leider äußerst selten der Fall, daß ein Maschinenmeister oder Maschinist von selbst dem Anlaßventil und dem richtigen Anlassen die so notwendige Aufmerksamkeit schenkt.

Aber nicht überall verläuft die Sache so harmlos. Ein 250 PS-Dreizylindermotor war 7 Monate im Betriebe, als beim Anlassen der Anlaßgefäßkopf in viele Teile zerrissen in die Luft geschleudert wurde, gerade als der Maschinist das Absperrventil schließen wollte.

Nur durch Zufall kam der Maschinist mit einem zerschnittenen Ohrläppchen davon.

Außer dem Anlaßgefäßkopf wurde die Anlaßleitung und der Zylinderkopf zerstört.

Die Ursache davon war eine Vertiefung im Anlaßventilsitz, weshalb das Ventil verschmutzte und schließlich hängenblieb, so daß es durch Anstoßen des Kolbens verbogen wurde.

In diesem Falle hätte der Fehler entdeckt werden können, wenn das Anlaßrohr in der Nähe des Zylinders rechtzeitig auf Erwärmung befühlt worden wäre.

Bei richtigem Anlassen aber mußte der Fehler gleich nach seiner Entstehung entdeckt und behoben werden.

Zum Schluß ein tragischer Vorfall!

Ein Maschinist büßte beim Anlassen durch das Abreißen eines Ständers sein Leben ein.

Die gleich nach dem Unglück geschlossenen Druckluftgefäße ergaben bei näherer Untersuchung fast leere Anlaßgefäße, aber einen Druck von über 100 at im Einblasegefäß.

Es handelte sich um einen Zweizylindermotor mit einem zweistufigen Kompressor.

Es ist ohne weiteres klar, daß nicht der Kompressor das Einblasegefäß auf mehr als 100 at aufgeladen hatte, sondern daß ein Arbeitszylinder als Hochdruckluftpumpe gearbeitet hatte, indem ihm durch das fehlerhafte Anlaßventil Druckluft aus den Anlaßgefäßen zugeführt wurde, deren Druck bis zum Ende des Kompressionshubes auf das Vielfache des normalen Druckes gesteigert wurde. Dieser Überdruck pflanzte sich beim Öffnen der Brennstoffnadel durch die Einblaseleitung nach dem zweiten Zylinder und dem Einblasegefäß zu fort.

Nur die Entzündung einer überaus großen Ladung von Brennstoff und Luft, die höchstwahrscheinlich noch vor dem Totpunkt, also gegen die Drehrichtung, entzündet wurde, konnte diese Katastrophe verursachen.

Wie immer, sprach man auch in diesem Falle ganz grundlos von Konstruktions- und Materialfehlern, obwohl Untersuchung und Materialprobe einwandfrei das Gegenteil bewies.

Viele Vorkommnisse wie die eben angeführten haben den Verfasser zur Überzeugung gebracht, daß das Anlassen, vorgenommen in der Weise, daß sich der Motor sofort in Bewegung setzt, sobald das Hauptventil am Anlaßgefäß geöffnet wird, in Wirklichkeit nichts anderes als ein „Vogel Strauß spielen" bedeutet.

Denn die volle Beanspruchung des Personals nach dem Öffnen des Anlaßgefäßes bei sofortiger Bewegung der Maschine und das unvermeidliche Geräusch verdecken jeden gefahrdrohenden Fehler der Anlaßventile. Eine besondere Prüfung dieser Ventile vor dem Ingangsetzen findet aber nirgends statt, außer da, wo man die Motore richtig anläßt.

Es kommt sehr häufig vor, daß einer von den Zylindern, trotz guter Kompression, beim Anlassen immer erst später zündet. Gewöhnlich wird dann beim nächsten Anlassen mehr Brennstoff vorgepumpt. Und wenn dies nichts hilft, so wird noch mehr Brennstoff vorgepumpt.

Führt auch das viele Vorpumpen zu keinem Ergebnis, so findet man sich mit dem späteren Zünden des betreffenden Zylinders gewöhnlich ab, indem man sich einbildet, daß bei diesem Zylinder ein Konstruktionsfehler oder doch eine besondere unergründliche Eigenheit vorhanden sein müsse.

Aber nicht im entferntesten denkt man an einen Zusammenhang mit dem Anlaßgefäß und merkt auch durchaus nicht, daß gerade dann der Zylinder zu zünden und auch zu stoßen beginnt, sobald das Anlaßgefäß geschlossen ist.

Es ist wirklich erstaunlich, wie solche Fehler der Anläßventile oft monate- und sogar jahrelang mitgeschleppt werden, ohne eine Zerstörung oder ein Unglück zu verursachen.

Aber diese wenn auch noch so kleinen Fehler haben eine große Abnützung zur Folge, denn die hohen Kompressionsdrücke führen zur vorzeitigen Abnützung der Lager und zu einer überaus großen Beanspruchung der Kurbelwelle und aller Triebwerkteile.

Deshalb gehört zum sicheren und wirtschaftlichen Betriebe richtiges und vorteilhaftes Anlassen, wie es in diesem Buche beschrieben wird.

6. Anlassen mit Kohlensäure.

Ist zum Anlassen des Motors nicht genügend Druckluft vorhanden und steht auch keine Druckluft von einem benachbarten Dieselmotor zur Verfügung, so muß Kohlensäure beschafft werden.

Da durch die große Verbreitung des Schweißens mit Sauerstoff dieser überall leicht erhältlich ist, wurde schon öfters durch Unverständnis oder Irrtum zum Anlassen von Dieselmaschinen statt Kohlensäure Sauerstoff verwendet, was dann meistens zu argen Zerstörungen führte und auch das Personal in höchste Gefahr brachte.

Sobald der Sauerstoff mit Rohöl oder mit dem an der Zylinderwand haftenden Schmieröl in Berührung kommt, findet eine explosionsartige Verbrennung statt, die je nach der Menge des vorhandenen Brennstoffes auch den ganzen Motor in die Luft sprengen kann. Deshalb ist es unter allen

Umständen zu vermeiden, daß zum Anlassen von Dieselmaschinen Sauerstoff verwendet wird.

Obwohl die Kohlensäure und Sauerstoffgefäße voneinander verschieden sind und auch einen anderen Anschluß aufweisen, ist besonders in entlegenen Gebieten eine Gewähr für die richtige Benützung oder Füllung der Gefäße nicht vorhanden, weshalb man in zweifelhaften Fällen den Inhalt einer Prüfung unterziehen soll. Zu diesem Zwecke befestigt man an einem Draht etwas Putzwolle, die man mit Petroleum befeuchtet und anzündet. Die brennende Putzwolle wird dann durch den Flascheninhalt leicht angeblasen. Findet dabei ein Aufleben des Feuers, also eine Vergrößerung der Flamme statt, so hat man es mit Sauerstoff zu tun.

Die Überfüllung der Kohlensäure in die Druckluftgefäße nimmt längere Zeit in Anspruch, darf aber auf keinen Fall durch Erwärmung der Kohlensäureflasche übereilt werden.

Ein vorzeitiges oder momentanes Erhitzen der Kohlensäureflasche kann durch die damit verbundene Drucksteigerung die Flasche zerreißen.

Beim Aufladen mit Kohlensäure oder auch mit Druckluft ist es von Vorteil, innerhalb der Gefäße des Motors den Druck nicht vorher auszugleichen, sondern jedes Gefäß für sich aufzuladen, wobei man dort beginnt, wo der Druck am höchsten, und dort endet, wo am wenigsten Druck vorhanden ist. Eine volle Ausnützung des Inhaltes einer Kohlensäureflasche ist ohnedies nicht möglich, weil ein Überströmen von der Kohlensäureflasche in das Druckluftgefäß nur bis zum jeweiligen Druckausgleich innerhalb der beiden Gefäße stattfindet.

Um eine größere Ausnützung des Flascheninhaltes zu erzielen, wird die Flasche nach erfolgtem Druckausgleich mit einer Lötlampe oder mit Lappen, die fortwährend in heißes Wasser getaucht werden, langsam von oben nach unten angewärmt. Sobald das Überströmen ausbleibt, wird das Druckluftgefäß geschlossen, und man öffnet dasjenige Gefäß, in dem sich der nächstfolgende niedrige Druck befindet, usw.

Zum Aufladen wird die Kohlensäureflasche neben dem Anlaßgefäß, das angeschlossen wird, aufgestellt.

Weil beim Aufladen die flüssige Kohlensäure vergast und dadurch starke Kälte erzeugt, friert das Überfüllrohr und auch der Durchgang am Flaschenkopf sofort zu, wenn diese Teile nicht mit einer Lötlampe oder mit in heißes Wasser getauchten Lappen dauernd angewärmt werden.

Noch während des Aufladens mit Kohlensäure ist für ein sicheres Anspringen des Motors Sorge zu tragen, indem man sich von der guten Kompression des Motors und der sicheren Brennstoffzuführung überzeugt. Geht der Motor schwer oder ist die Luftwärme im Maschinenraum sehr niedrig, so empfiehlt sich eine allmähliche Anwärmung des Zylinders auf etwa 40° durch öfteres Füllen des Kühlraumes mit warmem Wasser oder Dampf.

Auch wird ein leichteres Angehen erreicht, wenn man die Brennstoffpumpe sowie die Druckleitung mit Petroleum füllt. In diesem Falle muß dann darauf gesehen werden, daß nach erfolgtem Anspringen der Einblasedruck so niedrig wie möglich gehalten wird, bis das in der Pumpe und in der Leitung vorhandene Petroleum verbraucht ist.

Bei eventuellem Überschreiten der Umlaufzahl oder bei stärkeren Verbrennungsstößen kann man das Probier- oder Umführungsventil etwas öffnen oder die Pumpe zeitweilig ganz abstellen.

Eine Füllung der Druckleitung oder der Pumpe mit Benzin darf unter keinen Umständen vorgenommen werden.

III. Instandhaltungsarbeiten, wann und wie sie ausgeführt werden sollen.

1. Einleitung.

Durch die Nichtausführung oder Vernachlässigung auch der einfachsten der Instandhaltungsarbeiten muß eine steigernde Verschlechterung des Wirkungsgrades durch Reibungsverluste, Mehrverbrauch an Schmieröl oder Brennstoff eintreten.

Hingegen wird bei einer planmäßigen Ausführung aller Instandhaltungsarbeiten nicht nur ein rationeller Betrieb ermöglicht, sondern es wird auch allen Fehlern und Störungen vorgebeugt, sowie eine rasche Abnützung und oft kostspielige Überholungen vermieden.

Die diesbezügliche Einstellung ist in sehr vielen Betrieben deshalb grundfalsch, weil man sich gewohnheitsmäßig auf die Behebung von entstandenen Fehlern verlegt und dabei ganz übersieht, daß durch vorbeugende Arbeiten das Entstehen der Fehler überhaupt zu verhindern ist.

Aber auch die Methode der allgemeinen Überholung[1]), wie sie bei Schiffsmaschinen nach jeder längeren Reise vorgenommen wird, ist bei ortsfesten Motoren nicht anwendbar.

Bei jedem Motor ist es ohne weiteres möglich, die geeignetste Zwischenzeit für alle wiederholt vorzunehmenden Instandhaltungsarbeiten festzustellen.

Vorübergehende ungewöhnliche Betriebsverhältnisse liegen dann natürlich außer dieser Zeitbestimmung und müssen logischerweise berücksichtigt werden.

---

[1]) Instandshaltungsarbeiten und Reparaturen.

Im nachstehenden findet der Leser eine eingehende Anleitung, wann und wie die einzelnen Instandhaltungsarbeiten auszuführen sind.

Die Verbindung und die Reihenfolge der verschiedenen Instandhaltungsarbeiten ist in Berücksichtigung einer praktischen Durchführung und einer übersichtlichen Eintragung dieser Arbeiten in ein Merkbuch vorgenommen worden.

Um eine Ablenkung zu vermeiden, wird bei der Besprechung der Instandhaltungsarbeiten nichts über allfällige Ausbesserungen angegeben, dafür aber in einem besonderen Abschnitt ausführlich auf dieses Gebiet eingegangen.

2. Grundplatten und Außenlager.

Normalerweise ist alle 6 Monate das Öl abzulassen und durch neues zu ersetzen.

Wird in der Zwischenzeit ein Eindringen von Brennstoff oder Wasser wahrgenommen, vielleicht aber auch ohne diese Wahrnehmung eine besondere Verschlechterung oder Versteifung des Öles festgestellt, so ist das Öl sofort zu wechseln.

Die Ursache einer frühzeitigen Verschlechterung des Öles ist aber dann zu suchen und zu beheben.

Der sechsmonatliche Ölwechsel und die Reinigung werden am besten bei betriebswarmer Maschine folgendermaßen durchgeführt.

Bevor man an die eigentliche Reinigung und die Durchspülung der Lager geht, wird das Innere eines jeden Zylinderständers oder Kastens, sowie jede Kurbelmulde und auch das Äußere der Lager von der aus Ruß und Öl bestehenden klebrigen Anhaftung gut abgewaschen.

Diese Reinigung wird am besten ausgeführt, indem man einen geeigneten Pinsel wiederholt in angewärmtes Gasöl taucht, um dann nacheinander alle in Betracht kommenden Stellen durch Abpinseln von Schmutz zu befreien.

Ist für die Kurbellager Zentrifugalschmierung vorgesehen, so sind die Ringe zwecks Reinigung abzuschrauben.

Hat der Motor Ringschmierlager, so sind jedesmal alle Lagerdeckel und die oberen Lagerschalen abzuheben, um dann eine gründliche Durchspülung mit angewärmtem, gut filtriertem Gasöl vorzunehmen.

Auch das Spurlager der Regulatorwelle und die Schraubenräder sind gut abzuspülen, etwa vorhandener Satz von gestocktem Öl ist zu entfernen und die Ölzirkulation beim Lager auszuprobieren.

Bei allen Lagern ist dann an beiden Enden der Ölrücklauf zu kontrollieren. Dies wird so ausgeführt, daß man in die Mulde des Ölfängers (Abb. 13) mittels einer Ölkanne reines Gasöl laufen läßt und zugleich das Äußere des Ölfängers direkt unter der Kurbelachse mit einer elektrischen Lampe beleuchtet und beobachtet, ob ein Austritt oder Überlauf aus dem Ölfänger stattfindet.

Sollte ein Überlaufen bemerkt werden, so liegt bei *d* eine Verstopfung vor, weshalb dann die Schmierringe abzunehmen und das Lager auszubauen ist.

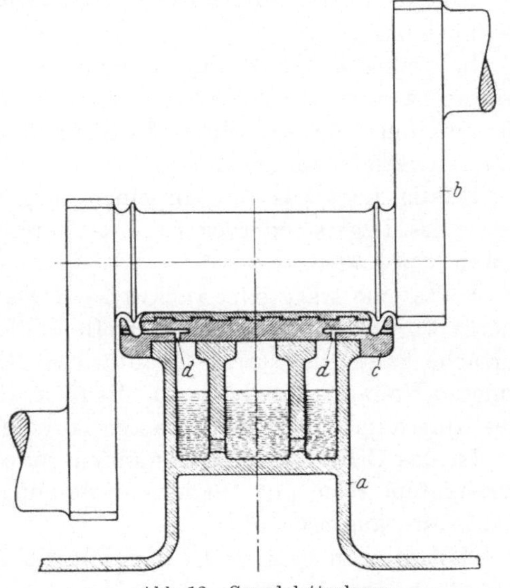

Abb. 13. Grundplattenlager.
a Grundplatte, *b* Kurbelwelle, *c* Untere Lagerschale, *d* Ölrücklauf.

Wenn für das Herausdrehen der unteren Lagerschalen eine gute Spezialvorrichtung nicht vorhanden sein sollte, so soll man sich beizeiten einen Mitnehmer, wie in Abb. 14 dargestellt, beschaffen. Dieser Mitnehmer wird am Kurbelarm leicht befestigt und hernach die Kurbelwelle gedreht, bis das Lager oberhalb abzunehmen ist.

Ein Heben oder Aufkeilen der Kurbelwelle ist in diesem Falle nicht notwendig.

Nachdem die Ölrückläufe *d*, sowie das Lager selbst, gründlich gereinigt sind, wird die Lagerschale wieder mit der Mitnehmervorrichtung und durch Drehen der Kurbelwelle eingebaut.

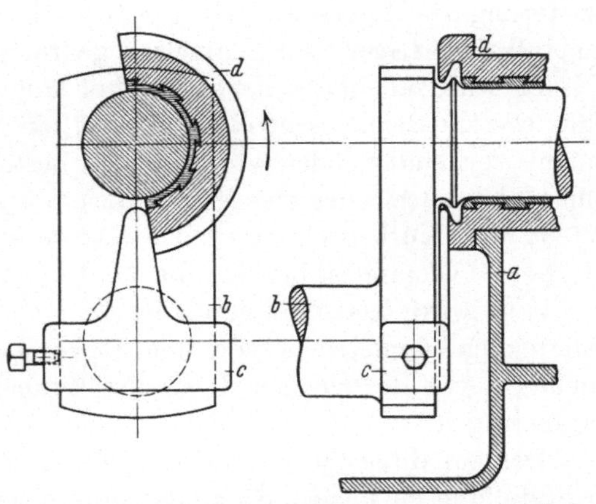

Abb. 14. Mitnehmer zum Herausdrehen der unteren Grundplatten-Lagerschalen.
a Grundplatte, *b* Kurbelwelle, *c* Mitnehmer mit Befestigungsschraube, *d* Lagerschale.

Wird die untere Lagerschale des Außenlagers herausgenommen, so ist vorher in der Nähe dieses Lagers oder am Kupplungsflansch ein Holzlager mit Blechbelag unterzukeilen, damit man die Lagerschale mittels Hakenschlüssels herausnehmen kann. Auch kann man, wenn Platz vorhanden ist, an der Achse eine Schelle mit Mitnehmer anbringen, um das Lager, in gleicher Weise wie bei den Grundplattenlagern angegeben, herauszudrehen.

Herausschlagen der unteren Lagerschalen ist in jedem Falle zu vermeiden.

Ist während des Betriebes bemerkt worden, daß ein Lager etwas wärmer wurde als die andern, so kann man jetzt die Gelegenheit benützen, um eine gründliche Untersuchung durch Herausnehmen der unteren Schale vorzunehmen.

Häufig liegt das nur an einem ungenügenden Öleintritt auf der Seite des Lagers, oder es ist eine Verschmutzung der Ölverteilungsnuten vorhanden.

Sollte eine träge oder ruckweise Bewegung eines Schmierringes bemerkt worden sein, so ist der betreffende Ring jetzt zu untersuchen; die Ursache kann eine starke Ovalität des Ringes oder Unebenheiten am inneren Umfang desselben sein. Es kann aber auch irgendein Anstreifen des Ringes im Lager oder Ölkasten vorkommen.

Ist das Gasöl aus allen Ölständen gut abgelaufen, so wird mit etwas gereinigtem oder gut filtriertem Schmieröl nachgespült, um so alle Gasölreste auszuscheiden.

Nachdem auch dieses Öl nach Möglichkeit ausgelaufen ist, wird der Ablaßhahn geschlossen und der Kegel so fest angezogen, daß er von der Hand nicht mehr zu bewegen ist. Diese Vorsicht ist geboten, weil es schon öfters vorgekommen ist, daß sich ein Hahn durch die Erzitterung des Motors von selbst geöffnet hatte, wodurch dann das Weißmetall aller Lager zum Schmelzen gebracht wurde.

Es wird nun gutes neues Lageröl langsam eingefüllt, bis die Höhe des Ölstandszeichens erreicht ist. Ist ein verläßliches Ölstandszeichen nicht vorhanden, oder will man das bestehende kontrollieren, so legt man ein Lineal oder eine gerade Leiste mit einem Ende auf die Laufstelle der Kurbelwelle und das andere Ende unterbaut man in der Nähe des Ölstandes, bis sich die Leiste in Wasserwage befindet.

Nun wird das Maß von dem inneren Durchmesser eines der betreffendenSchmierringe von dem Lineal oder der Leiste an, also wohlgemerkt von der gleichen Höhe der Kurbelwelle nach unten gemessen, aufgetragen.

Der auf diese Weise ermittelte Punkt kommt der tiefsten Schmierringstellung im Lager gleich, also muß das Ölstandszeichen immer noch etwa 30 mm höher liegen, um so in den Lagern ein genügendes Eintauchen der Ringe zu gewährleisten.

Beim Aufsetzen der oberen Lagerschale mit Deckel ist sehr darauf Rücksicht zu nehmen, daß die Schmierringe nicht klemmen können, denn häufig ist das unzuverlässige Anlaufen oder das schlechte Funktionieren der Schmierringe auf eine starke Einklemmung zurückzuführen.

Nachdem die Bohrung für den Ölzutritt der Kurbelschmierung auch gereinigt ist, wird der Zentrifugalschmierring wieder angebracht, wobei dann genau darauf zu sehen ist, daß das Schmierrohr richtig in das Innere des Zentrifugalschmierringes hineinreicht, ohne an einer Seite desselben anzuliegen. Um ganz sicher zu gehen, daß ein Anstreifen nicht stattfindet, läßt man das Schwungrad drehen und befühlt zugleich das Schmierrohr in der Nähe des Ringes.

Im allgemeinen werden diese Arbeiten leider nicht so ausgeführt, und der Ölwechsel wird vorgenommen, indem man das alte Öl abläßt, dann durch die Lagerdeckel Petroleum gießt und nach dem Auslaufen des Petroleums wieder neues Öl einfüllt.

Das ist sehr einfach und bequem, aber auch sehr gefährlich und unwirtschaftlich.

1. Werden die Verbrennungsrückstände im Innern des Ständers und der Kurbelmulde nicht entfernt, so verschlechtert sich auch das abspritzende Öl und außerdem besteht die Gefahr, daß in das Innere des Zentrifugalschmierringes oder in die Ölfänger der Lager Schmutz eindringt und eine Verstopfung verursacht.

2. Infolge des Nichtabhebens der Lagerdeckel kann man sich nicht vergewissern, ob die Bohrungen *d* (Abb. 13) in den unteren Lagerschalen nicht vielleicht verstopft sind, was gerade durch das Ausspülen der Lager leicht verursacht werden kann, weil sich gelöste Verkrustungen oder Ablagerungen bei der kleinen Rücklauföffnung stauen. Da die Konstruktion der Lager einen kleinen Durchmesser und eine winkelförmige Ausführung dieser Bohrungen bedingt, ist eben eine Verstopfung sehr leicht möglich.

Eine solche Verstopfung verursacht vor allem Ölverlust, weil das Öl, das der Schmierring aus der Ölkammer hebt, nicht mehr in diese zurückfließen kann, sondern in die Kurbelmulde abzulaufen gezwungen ist. Hierin liegt aber auch die größte Gefahr für die Lager und die Kurbelwelle selbst.

Denn der Ölstand in der Ölkammer des Lagers sinkt immer tiefer, und wenn nicht täglich ausgiebig nachgefüllt wird, so müssen die Lager heißlaufen.

Die Verstopfung des Ölrücklaufes ist unzweifelhaft sehr häufig die Ursache von Kurbelwellenbrüchen.

Überhaupt ist die Höhe des Ölstandes im Schauglas täglich zu beobachten. Wird ein Sinken des Ölstandes wahrnehmbar, so ist Verstopfung des einen oder des anderen Ölrücklaufes anzunehmen.

Es ist zweck- und sinnlos, täglich eine größere Menge Öl nachzufüllen, ohne — wie das sehr häufig vorkommt — auch nur an eine Verstopfung des Rücklaufes zu denken und von der Porösität der Grundplatte und dem damit verbundenen Ölverlust aus den Kammern zu sprechen.

Bei Druckschmierung ist vor allem das Öl aus dem Behälter und Filter abzulassen. Dann wird das Innere der Ständer oder des Kastens, sowie die Kurbelmulden gut mit Gasöl abgewaschen und das Ablaufende an der Sammelstelle wieder ganz entfernt.

Hierauf wird mit der Handpumpe gut gereinigtes und angewärmtes Gasöl durch die Lager gepreßt und zu gleicher Zeit die Maschine mit dem Schaltwerk gedreht. Nachdem man so gut durchgespült hat, wird bei stillstehender Maschine weitergepumpt und alle Rohrleitungen, Übergänge und Verbindungen werden auf Verlust untersucht, sowie auch alle Lagerstellen nachgesehen, ob auch überall genügend Öl hineingelangt und nicht irgendwo ein allzu großer Austritt wegen übermäßigen Spiels stattfindet.

Dann wird das Gasöl entfernt und mit gereinigtem oder gut filtriertem Schmieröl nachgespült. Nun wird erst der Behälter oder die Sammelstelle, der Filter sowie der Ölkühler gründlich gereinigt, wobei man auch den Wasserraum nicht vergessen soll.

Nachdem man noch die Schmierölpumpe nachgesehen hat, wird die Füllung mit dem dazu bestimmten neuen Öl vorgenommen, womit die Reinigung und der Ölwechsel beendigt ist.

Nach jeder solchen Instandhaltungsarbeit ist zu untersuchen, ob nicht irgendwelche Gegenstände in der Maschine liegengeblieben sind, worauf der Motor einigemal vorsichtig zu drehen ist, um eine störungslose, leichte Beweglichkeit festzustellen.

Durch die vorzügliche Reinigung der Maschine wird sich das neue Öl weit länger im guten Zustande erhalten, wie denn dieses Vorgehen überhaupt viel zu einem reibungslosen leichten Gang beiträgt.

Das abgelassene Schmieröl wird gereinigt und filtriert und für die anderen Schmierstellen allein, oder mit neuem Öl gemischt, wieder verwendet.

Das beim Abwaschen verwendete Gasöl und Schmieröl wird natürlich nach einer Reinigung als Brennstoff verbraucht.

Unter „Reparaturen" sind weitere Ausführungen zu finden.

3. Steuerwellenlager und obere Schraubenräder.

Der Ölwechsel und die Reinigung ist jährlich einmal vorzunehmen.

Zu diesem Zwecke sind alle Lagerdeckel und — falls für die Schraubenräder keine Druckschmierung vorhanden ist — auch der Deckel des Rädergehäuses abzunehmen, um eine gründliche Reinigung durch Auswaschen mit Gasöl vorzunehmen.

Im Unterteil des Rädergehäuses wird gut angewärmtes Gasöl eingefüllt, und bei langsamen Drehen des Motors werden alle festgewordenen Fett- und Ölreste an allen Stellen der Schraubenräder und des Gehäuses abgepinselt. Dann wird der Schmutz vom Gehäuse abgelassen und mit Gasöl nachgespült, bis die Fett- und Ölrückstände ganz entfernt sind.

Bei den Lagern ist auf Reinigung der Ölnuten und auf guten Öleintritt in der Drehrichtung der Welle zu sehen, die Ölkammern sind auszuspülen. Sind Ausgleichrohre für den Ölstand zwischen den Lagern vorhanden, so müssen auch diese gereinigt werden.

Läuft die Steuerwelle in einer Wanne, wobei die Steuerscheiben in Öl eintauchen, so ist auch dieses Öl abzulassen. Auch die Ventilhebelrollen, Steuerscheiben und die Wanne selbst sind gut zu reinigen und mit neuem Öl zu versehen.

In die Lager wird neues Öl gegeben, vor dem Aufschrauben der Deckel wird durch Drehen der Maschine das richtige Funktionieren jeder Lagerschmierung beobachtet.

Über Lagerspiel oder Bewegung in der Längsrichtung usw. siehe unter „Reparaturen".

Für Schraubenräder ist konsistentes Fett, das nicht fließt, keine gute Schmierung, weil das Zurückfließen an die Reibungsstellen erst durch eine bedeutende Erwärmung der Schraubenräder und des Gehäuses ermöglicht wird; Vaseline oder sehr dickflüssiges Öl ist empfehlenswerter.

4. Regulator, Hebel, Gelenke, Exzenter usw.

Alle drei Monate einmal sind alle offenen und zugänglichen Schmierstellen kurz vor dem Stillsetzen der Maschine mit reinem Petroleum zu versehen.

Alle während des Betriebes nicht zugänglichen Teile, wie Gelenke, Hebel, Hebelrollen, Exzenter usw., werden nach Stillstand der Maschine mit Petroleum durchgespült und so von Staub und verkrustetem Öl befreit.

Beim Regulator ist je nach dessen Bauart vorzugehen.

Ist ein Öffnen und Schließen der Gewichter während der Reinigung möglich, dann desto besser. Aber in jedem Falle sind alle Teile gut mit Petroleum zu reinigen, und sämtliche beweglichen Bestandteile sind zu schmieren.

Dabei ist natürlich auch das richtige Funktionieren der Schmierung durch eine gute Ölverteilung, sowie die leichte Beweglichkeit des Regulators und Reguliergestänges zu kontrollieren. Lose Muttern und Stifte sind anzuziehen.

Findet man angegriffene oder abgenützte Bestandteile, die auf längere Zeit ein einwandfreies Arbeiten nicht mit Sicherheit voraussehen lassen, so ist es geboten, für rechtzeitigen Ersatz zu sorgen und die Auswechslung bei einer der nächsten Instandhaltungsarbeiten vorzunehmen.

Bei allen Reinigungsarbeiten ist das Petroleum gleich wieder aufzufangen und abzuwischen, um zu vermeiden, daß Petroleum zum Schmieröl gelangt und dieses verschlechtert.

Alle offenen Schmierstellen, Exzenter, Hebel usw., werden erst wieder vor der Inbetriebsetzung eingeölt.

5. Ölfilter (bei Druckschmierung).

Die Reinigung ist bei den verschiedenen Konstruktionen je nach der Größe der Filter alle Tage oder auch alle 10 Tage vorzunehmen, weshalb der Maschinist selbst die erfahrungsgemäß geeignetste Zeit einzusetzen hat.

Man soll sich bei keiner Maschine, auch wenn Filter zum Wechseln vorhanden sein sollten, darauf verlassen, daß das Druckmanometer die gebotene Reinigung anzeigt, sondern es soll für die wiederholte Reinigung der geeignetste Zeitpunkt vorausbestimmt werden, weshalb dann auch alle ungewöhnlichen Vorkommnisse oder die Verschlechterung des Öles viel auffälliger in die Erscheinung treten.

Es soll da besonders darauf aufmerksam gemacht werden, daß Überlastung, schlechte Verbrennung sowie größere Rauchentwicklung beim Anlassen oder Aufladen ganz bedeutende Verschlechterung des Öles dadurch verursachen, daß zwischen Kolben und Zylinderwandung Verbrennungsrückstände und Ruß in die Kurbelmulde und somit zum Öl und auch zum Filter gelangen.

Wenn längere Zeit hindurch mit schlechter Verbrennung gearbeitet wird, so kann der Ölwechsel in ganz kurzer Zeit zur Notwendigkeit werden.

6. Zentralschmierung, Öler und Leitungsrohre.

Alle 3 Monate sind alle Ölbehälter, Filter, Tropf- und Druckleitungen gründlich zu reinigen.

Ist schlecht filtriertes Schmieröl in Verwendung, so ist diese Reinigung viel häufiger auszuführen, weil man sonst immerwährend Unregelmäßigkeiten und Verstopfungen in den Leitungen zu gewärtigen hat.

Bei allen Schmieröldruckrohren wird von Hand Petroleum durchgepumpt, bis dasselbe beim gelösten Anschluß rein abläuft. Bei der Zylinderschmierung wird auch durch die Verteilerrohre in der Weise gepumpt, daß man das vom Eintritt entfernteste Rohr abnimmt und während des Pumpens abwechselnd die eine oder die andere Öffnung zuhält.

Ist in dem abgenommenen Rohr eine Verkrustung zu bemerken, so werden auch die anderen Verteilerrohre des betreffenden Zylinders zwecks gründlicher Reinigung abgeschraubt. Dann reinigt man außerdem mit einem zum Herauskratzen geeigneten Draht alle Bohrungen, die nach dem Innern des Zylinders führen und reinigt oder schleift die vorhandenen Rückschlagventile ein.

Nach erfolgter Zusammenstellung bis auf ein Rohr wird wieder wie vorher Petroleum durchgepumpt.

Ist die Pumpe tiefer angebracht als die Zylinderschmierung, so ist es auch empfehlenswert, den Anschluß der Druckleitung an der Pumpe zu lösen, um eventuell dort angesammelte schwerere Teile von Schmutz durch den Rücklauf des im Rohr befindlichen Petroleums auszuscheiden.

Nachdem die Behälter, alle Zuleitungen, Druck- und Verteilerrohre gereinigt sind, wird überall reines Öl durchgepumpt; dann werden die Anschlüsse wieder verschraubt.

Eine fehlerlose Zylinderschmierung kann man feststellen, indem man den Kolben in den oberen Totpunkt bringt und hierbei von Hand Öl in den Zylinder pumpt.

Nach kurzer Zeit muß man das Öl zwischen Kolben und Zylinderwandung so verteilt ablaufen sehen, wie die Ölzuführungen nach dem Zylinder angeordnet sind.

Ist Zentrifugalringschmierung für die Kurbellager vorgesehen und wird mit Petroleum durchgespült, ohne die Tropfrohre abzunehmen, so darf die betreffende Kurbel nicht in der unteren Totpunktlage stehen, weil sonst der Schmutz nach der Kurbel und dem Lager gedrängt wird. Auch ist der Ring dann innen zu reinigen, bevor man noch die Kurbelwelle dreht.

Auch beim Kompressor ist eine gründliche Reinigung der Schmierapparate vorzunehmen.

Bei Motoren mit Druckschmierung ist sehr darauf zu achten, daß bei den Reinigungsarbeiten kein Petroleum in die Kurbelmulden läuft, weil es von dort zum Öl der Druckschmierung gelangen würde.

Bei Maschinen ohne Druckschmierung ist der Behälter für das ablaufende Öl vor Beginn der Reinigungsarbeiten zu entleeren. Nach der Reinigung darf nicht vergessen werden, den Behälter vom vorhandenen Gemisch von Petroleum und Öl zu entleeren und dieses zum unfiltrierten Brennstoff zu geben.

Es ist sehr darauf zu sehen, daß bei allen Schmierölröhrchen ein ununterbrochenes Gefälle oder eine ununterbrochene Steigung vorhanden ist. Kröpfungen oder Säcke in Leitungen sind unter allen Umständen zu vermeiden.

Für einen entsprechenden Vorrat von gut passenden Dichtungsscheibchen aus Fiber oder sonstigem von der Fabrik vorgesehenem Material ist schon vor Beginn der Arbeiten zu sorgen.

Ist bei den Verteilerröhrchen oder sonstigen Verbindungen an einer der sich gegenüberliegenden Dichtungsflächen ein Vorsprung für das Aufstecken der Dichtungsscheibchen nicht vorhanden, so darf nur Fiber oder Kupferdichtung in Verwendung kommen, denn es ist schon sehr häufig vorgekommen, daß Klingerit, Leder usw. beim Anziehen in das Innere der Leitungen hineingepreßt wurde und durch die entstehende Verstopfung großen Schaden verursachte.

Nach Wiederherstellung aller Anschlüsse überzeuge man sich, daß nirgends der geringste Ölverlust vorhanden ist.

Wird in der kälteren Jahreszeit ein Anwärmen des Schmieröls notwendig, so ist es besser, beim Stillsetzen der Maschine das Öl aus den Gefäßen abzulassen und angewärmtes Öl kurz vor dem Anlassen wieder aufzufüllen, sowie das nachzufüllende Öl ebenfalls entsprechend anzuwärmen. Auch muß für den Winter dünnflüssiges Öl zur Verwendung kommen.

Trüb und undurchsichtig gewordene Ölstände wie Tropfenschaugläser werden durch Reinigung mit sehr verdünnter Salzsäure wieder klar und durchsichtig.

7. Auspufftopf und Auspuffrohre.

Jährlich einmal ist der Auspufftopf und insbesondere das gelochte Zwischenstück gründlich zu reinigen. Ist ein Auspuffsammler vorhanden, so ist auch dieser zu reinigen.

Die Auspuffleitungen sind auf Ablagerung von Krusten oder Ruß zu untersuchen und von diesen zu reinigen.

Jede Verengung in der Auspuffleitung hat eine Leistungsverminderung zur Folge. Am gelochten Zwischenstück des Auspufftopfes und im Ausgangsrohr ist gewöhnlich die größte Krustenbildung anzutreffen, weil sich hier durch Kondensation, infolge der raschen Abkühlung der Auspuffgase, nasse Wände mit guter Aufnahmefähigkeit und Anhaftfläche für den Ruß bilden.

Sollten sich in der Nähe des Zylinderdeckels, im Krümmer oder Auspuffrohr Verkrustungen finden, so rührt das gewöhnlich von ausgestoßenem, unverbranntem Brennstoff oder Schmieröl her.

Um eine Verschmutzung des Auspufftopfes und der Leitung tunlichst zu verhindern, ist reine Verbrennung während des Betriebes, aber auch möglichst geringe Rauchentwicklung beim Anlassen zu erstreben.

An jedem Krümmer an den Zylinderdeckeln soll sich ein Probierhahn für den Auspuff befinden.

Zum Ablassen des Kondenswassers ist an der tiefsten Stelle des Auspufftopfes ein Hahn anzubringen, der von Zeit zu Zeit geöffnet werden muß.

Bei größerer Wasseransammlung ist der Ablaßhahn nicht ganz zu schließen, was besonders bei Betrieben angebracht erscheint, wo ein öfteres An- und Abstellen des Motors vonnöten ist. Denn der bei jeder Inbetriebsetzung auftretende Ruß verursacht in Verbindung mit Feuchtigkeit oder Wasser eine rasche Verschmutzung des Auspufftopfes und des folgenden Auspuffrohres.

Ein außergewöhnlicher Wasserablauf oder Wasserausspritzen während der Inbetriebsetzung läßt auf ein gesprungenes, wassergekühltes Auspuffrohr oder auf einen gesprungenen Zylinderdeckel schließen.

Gekühlte Auspuffrohre sind je nach der Beschaffenheit des Wassers, aber mindestens einmal im Jahre, gründlich vom Wasserstein zu befreien.

Über die Entfernung von Wasserstein sowie die Ausbesserung gesprungener Rohre oder Zylinderdeckel findet der Leser an anderen Stellen weitere Ausführungen.

8. Brennstoffbehälter und Filter.

Jährlich einmal sind alle Brennstoffbehälter, Filter und Leitungen gründlich zu reinigen.

Bei Verwendung von Rohöl hat diese Reinigung auch nur einmal jährlich zu geschehen, sofern die an anderer Stelle angegebene Reinigung des Rohöls vorgenommen wird.

Um Brennstoffleitungen einfach und gut reinigen zu können, soll an der tiefsten Stelle jeder Leitung ein Ablaßhahn angebracht sein.

Brennstoffleitungen dürfen nie eingemauert oder knapp an den Wänden entlang geführt werden, denn dadurch wird das Abnehmen der Rohre erschwert, und die Wände werden obendrein beschädigt und beschmutzt.

9. Schwungrad, Kanäle und Schächte.

Alle Monate einmal sind auch die Speichen vom Schwungrad, Riemenscheibe usw. gründlich vom Öl und Staub zu befreien und alle Kanäle sowie Schächte auszutrocknen und zu reinigen.

Es ist absolut zu verhindern, daß Wasser, Öl oder Brennstoff in das Fundament der Maschine eindringt, denn im Laufe der Zeit würde sich das Material zersetzen und dadurch eine gefahrvolle Bewegung oder Senkung der Grundplatte hervorgerufen.

Sehr tadelnswert ist die häufig anzutreffende Einrichtung, wonach das Kondenswasser einfach in den Kanal oder in den Schacht der Druckluftgefäße abzulassen ist, so daß dort alles beschmutzt wird und sich ein ständiger Teich von Wasser, Öl und Schmutz bildet.

Hier ist durch ein einfaches und vorteilhaftes Mittel sehr leicht Abhilfe zu schaffen, indem man getrennt vom Schacht der Druckluftgefäße und des Kanals einen eigenen kleinen, aber tiefen und gut auszementierten Kondenswasserschacht herstellt, in den dann alle Kondenswasserablaßrohre einzuführen sind.

Das Kondenswasser wird von Zeit zu Zeit entleert, aber das an der Oberfläche befindliche Öl vorher abgeschöpft und gereinigt.

Auf diese Weise ist es dann leicht möglich, den Schacht der Druckluftgefäße und die Rohrkanäle rein zu halten. Die Rohre sind vor Rost zu schützen. Rohre, die sich während des Betriebes bewegen, sind durch Rohrschellen zu befestigen.

10. Wasserbehälter, Gradierwerk und Rohrleitungen.

Gradierwerk, Behälter, Schächte und auch Rohrleitungen, die für das Kühlwasser in Betracht kommen, sind alle Jahre einmal von Schlamm, Sand und Schmutz gut zu reinigen.

Die zum Motor führende Leitung soll rd. 10 cm ober dem Boden des Behälters angeschlossen sein, damit der sich sammelnde Schlamm und Sand nicht in die Leitung gelangen kann.

Am tiefsten Punkt der Leitung soll ein Ablaßhahn angeordnet sein, der zur Entwässerung und zur Reinigung der Leitung vom Motor und vom Behälter her dient. Man darf das Wasser nicht einfach in den Kanal auslaufen lassen, vielmehr muß unter dem Ablaßhahn noch genügend Platz zum Auffangen des Wassers mittels eines Eimers vorhanden sein.

Kompressor.

11. Ventile und Kompressionsraum.

Alle Monate einmal sind alle Ventile auszubauen, zu reinigen und einzuschleifen.

Beim Ausbau jedes einzelnen Ventils beobachtet und untersucht man sofort die untere Dichtungsfläche des Gehäuses, das richtige Schließen der Ventilsitze sowie das gute Funktionieren überhaupt.

Sind an der unteren Dichtungsfläche eines Gehäuses schwarze Stellen oder Flecken zu bemerken, so muß dieses Ventilgehäuse im Kompressor so lange aufgeschliffen werden, bis die Dichtungsfläche des Gehäuses, aber auch die des Kompressors, absolut rein sind. Zum Aufschleifen verwende man bei größeren Unebenheiten allerfeinsten Karborundum oder Glasstaub mit Öl oder mit konsistentem Fett vermischt.

Selbsterzeugter Glasstaub ist vor Gebrauch durch ein doppelt gelegtes Leinentuch durchzuschütteln.

Bei belanglosen Flecken oder beim Aufschleifen zur Kontrolle der Dichtungsflächen verwende man nur eine Poliermasse wie Frankfurter- oder Pariserrot, Englischblau usw. Dichtungsflächen oder Ventilsitze sollen so aufgeschliffen werden, daß man bei gleichzeitigem Andrücken immer nur eine Viertel- oder Dritteldrehung ausführt und dann jedesmal bei der Rückbewegung den aufzuschleifenden Gegenstand leicht anhebt. Außerdem ist der aufzuschleifende Gegenstand von Zeit zu

Zeit etwas zu verdrehen, so daß die Schleifbewegungen auf den ganzen Kreis gleichmäßig verteilt werden.

Ist die Dichtungsfläche eines Ventiles oder Ventilgehäuses im Kompressor oder Deckel aufzuschleifen, so vergesse man nicht, durch Einführung eines Putzlappens das Eindringen von Schmirgelstaub in das Innere des Zylinders zu verhindern.

Der mit Öl oder Fett vermischte Schmirgel ist übrigens nur am Gehäusesitz fein verteilt aufzutragen.

Sehr häufig wird der Fehler begangen, daß unter die nur aufzuschleifenden Ventilgehäuse graphitierte Dichtungsringe aus Papier, Klingerit usw. gelegt werden, was nicht nur zur Verschmutzung führt, sondern auch das sichere Funktionieren beeinträchtigt.

Durch das Aufschleifen wird das Ventilgehäuse und der Sitz im Kompressor abgenützt, so daß nach einiger Zeit der Verschlußflansch nur mehr am oberen Sitz im Körper aufliegt, ohne zugleich das Ventilgehäuse auf den unteren aufgeschliffenen Sitz anzupressen. Dieser Umstand verleitet manchen Maschinisten, Dichtungs- bzw. Distanzringe zwischen die aufgeschliffenen Flächen zu legen.

Abb. 15 zeigt ein eingebautes Hochdrucksaugventil, bei dem der Verschlußflansch *b*, das Ventilgehäuse *c* nicht mehr auf den aufgeschliffenen Sitz *d* anpreßt. In diesem Fall soll nicht bei *d*, sondern bei *f* das vorhandene Spiel durch Auflegen von Blechscheiben ausgeglichen werden.

Um das Gehäuse sicher anzupressen, soll die Auflage bei *f* um ein halbes Zehntel-Millimeter über dem Dichtungssitz des Kompressorkörpers stehen. Auf diese Weise wird ein gutes Anpressen des Ventilgehäuses aber auch ein sicheres Abdichten bei *e* erzielt. Als Dichtung eignet sich Klingerit. Festbrennen der Dichtung wird durch Bestreichen mittels Graphit verhindert.

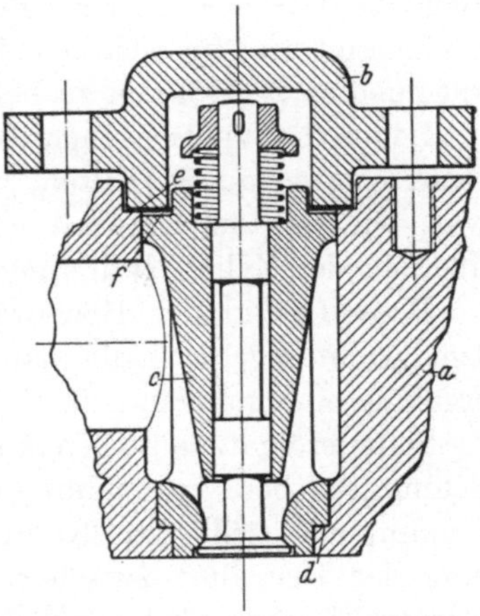

Abb. 15. Im Kompressor eingebautes Hochdrucksaugventil.
a Kompressorkörper, *b* Verschlußflansch, *c* Ventilgehäuse, *d* Zusammengeschliffene Dichtungsflächen, *e* Klingeritdichtung, *f* Entstandenes Spiel durch Abnützung der Flächen *d*.

Die Ventile sind alle in senkrechter Stellung einzuschleifen und ist darauf zu sehen, daß die Sitze so glatt als möglich ausfallen. Wenn nicht besondere Vertiefungen oder schlechtes Aufliegen bemerkt wurde, so ist es angezeigt, nur mit Poliermittel wie vorher angegeben nachzuschleifen.

Jede Fabrik liefert mit der Maschine auch die geeignetsten Werkzeuge zum Ausbauen und zum Einschleifen der Ventile. Die Druckventile können zum Einschleifen auch auf einen genau passenden Holzdorn gesteckt werden. Bei Plattenventilen wird das Aufschleifen der Platte auf den Ventilsitz am besten vorgenommen, indem man die Platte in ein gedrehtes Holzfutter mit einer geringen Vertiefung einklemmt und sich für das Schleifen auf dem Ventilsitz eine Vorrichtung zur zentrischen Führung des Plattenhalters anfertigt. Das Aufschleifen geschieht dann in gleicher Weise wie vorhin angegeben.

Lahme oder zu heiß gewordene Ventilfedern sind auszuwechseln. Hierbei muß ganz besonders auf den häufig vorkommenden Fehler hingewiesen werden, die Ventilfedern einfach selbst anzufertigen oder in einer mechanischen Werkstätte am Ort anfertigen zu lassen, ohne auch nur im geringsten darauf Rücksicht zu nehmen, ob die Federn die geeignete Spannkraft haben oder nicht.

Die rechtzeitige Bestellung aller Ersatzventilfedern nur bei der Baufirma oder deren Vertreter liegt durchaus im Interesse des Motorenbesitzers und des Maschinisten.

Bei Saugventilen ist sehr darauf zu achten, daß der am Ende des Ventilschaftes auch zum Halten des Federtellers dienende Abschluß durch Stift, Mutter oder Keil sich im besten Zustand befindet und daß auch die Vorkehrungen gegen das Hineinfallen der Ventile nicht vernachlässigt und für richtigen Hub eingestellt werden. Der Hub hat im allgemeinen 2 bis 3 mm zu betragen.

Bevor die Ventile eingebaut werden, ist im Zylinder jeder Druckstufe Nachschau zu halten, ob die Schmierung nicht allzu reichlich war, was man an dem angesammelten Öl und dem sehr reichlichen Ölüberzug der Zylinderwandung feststellen kann.

Besonders in der Hochdruckstufe ist ein übermäßiges Schmieren sehr nachteilig, weshalb man die Öler je nach dem Untersuchungsergebnis einregulieren soll.

Schmierölentzündungen können nur vorkommen bei übermäßigem Schmieren, bei Verwendung von ungeeignetem Öl mit zu niedrigem Flammpunkt, schlechter Kompressorkühlung, sowie ungenügender Kühlung der Druckluft zwischen Nieder-, Mittel-, Hochdruck- und Einblasegefäß, sowie bei gänzlicher Vernachlässigung des Ablassens von Kondenswasser und Öl.

Der Kompressionsraum der Hochdruckstufe ist von allen Krusten und angebranntem Öl gut zu reinigen. Auch der Kompressionsraum des Mittel- oder Niederdruckes ist zu reinigen oder doch das angesammelte Öl abzutrocknen, bevor die Ventile eingebaut werden.

Hat man alle Arbeiten gewissenhaft ausgeführt und die Ventile gut eingebaut, so erübrigt sich für gewöhnlich eine Druckprobe der einzelnen Ventile. Will man aber eine Druckprobe vornehmen, so wird diese am besten folgendermaßen ausgeführt: Nachdem der Kompressorkolben genau in die obere Totpunktlage gebracht wurde, baut man nur das Niederdruckventil ein und dichtet die Aussparungen für die beiden Hochdruckventile mit den betreffenden Flanschen ab. Dann wird das Absperrventil an dem Einblasegefäß nur ganz wenig geöffnet und rasch wieder geschlossen, damit der Druck, den man auch am Niederdruckmanometer ablesen kann, den üblichen Niederdruck nicht allzuviel übersteigt. Ist das Druckventil undicht, so tritt die Luft an der Öffnung für das Niederdruck-Saugventil aus.

Nun wird das Hochdruck-Saugventil eingebaut und geprüft, indem man die zu diesem Ventil führende Druckleitung abschraubt und durch das Absperrventil an dem Einblasegefäß einen Druck von 50 at in der Hochdruckstufe des Kompressors einstellt. Verliert das Saugventil, so tritt Luft an dem gelösten Rohranschluß aus.

Nun wird das Hochdruck-Druckventil eingebaut und das Saugventil ausgebaut, ohne den Verschlußflansch wieder anzubringen. Man stellt wieder wie vorhin 50 at Druck ein und beobachtet, ob durch die vorhandene Öffnung Luft austritt.

Ist eine Mitteldruckstufe vorhanden, so wird die Probe der Ventile in gleicher Weise wie bei der Hochdruckstufe ausgeführt, nur daß durch vorherigen Ausbau der Hochdruckventile der Durchgang für die Druckluft hergestellt werden muß.

Diese Probe der Ventile kann auch nur für ein bestimmtes Ventil, dessen gutes Funktionieren bezweifelt wird, angewendet werden.

Zeigt im Betriebe der Nieder- oder Mitteldruckmanometer einen abnorm hohen Druck an, so ist gewöhnlich im ersten Falle das Mitteldruck-Saugventil, im zweiten Falle das Hochdruck-Saugventil fehlerhaft.

Höchst wichtig für ein gutes und dauerhaftes Arbeiten des Kompressors und der Ventile ist das Ansaugen von reiner staubfreier Luft. Saugkorb, Regulierventil und Eintrittskanal sind deshalb öfters zu reinigen.

Beim Einbau der Ventilgehäuse achte man stets darauf, daß keines zu tief in den Zylinder hineinreicht; nach Fertigstellung drehe man die Maschine vorsichtig herum.

12. Kolbenausbau.

Einmal jährlich soll der Kompressorkolben ausgebaut und die folgenden Arbeiten ausgeführt werden: Reinigung der Zylinder aller Druckstufen von angebranntem Öl, Durchputzen aller Schmierlöcher, Ölverteilungsrillen, Rohre usw.

Wird im Kolbenzapfenlager ein übermäßiges Spiel bemerkt, so wird der Kolbenzapfen ausgebaut, das Lager gut gereinigt und auf richtiges Spiel zusammengepaßt. Bei fest zusammengezogenem Lager muß sich der Kolbenzapfen noch spielend leicht mit der Hand drehen lassen.

Ist ein Ausbau des Kolbenzapfens nicht notwendig, so wird das Lager gereinigt, indem man Petroleum durch die Bohrungen für den Schmierölzutritt spritzt und zugleich die Treibstange bewegt. Zum Schluß wird dann mit reinem Schmieröl nachgespritzt.

Der Kolben wird gründlich gereinigt, wobei in jeder Ölverteilungsnute das angeklebte und eingetrocknete alte Öl gut auszukratzen ist. Die Nieder- und Mitteldruckkolbenringe und die Kolbenringnuten sind ebenfalls sorgfältig von altem Öl zu befreien, hingegen sollen die Ringe nur im äußersten Notfalle oder zum Zwecke des Auswechselns abgezogen werden. Die Art, wie ein Kolbenring wegen Abnützung auszuwechseln ist, findet der Leser bei der Besprechung der Motorkolbenringe beschrieben.

Jeder neue Kolbenring muß vor dem Aufziehen auf den Kolben in den betreffenden Zylinder eingeführt werden, um sich zu überzeugen, daß in der kleinsten Stelle, im Schlitz oder Treppenstoß des Ringes, noch genügend Spiel vorhanden ist. Beim Hochdruck soll das Spiel ½, beim Niederdruck 1 mm betragen.

Beim Niederdruckkolben mit Ölabstreifringen ist es sehr wichtig, daß auch diese Ringe außen gut tragen und beim Einbau nicht irrtümlicherweise die scharfe Kante zum Abstreifen des Öls statt nach außen nach dem Inneren des Kompressors gelegt wird.

Findet man die Ringe des Hochdruckkolbens festgebrannt, so ist das gewöhnlich auf zu heißes Arbeiten oder auf Verwendung von ungeeignetem Öl zurückzuführen. Die Ringe sind dann vorsichtig mit Petroleum und durch Klopfen mit einem Holz oder Holzhammer zu lösen und gut zu reinigen.

Ist ein leichtes Lösen oder eine gute Reinigung auf diese Art nicht möglich, so wird der Teil mit den Führungs- und Kolbenringen abgenommen, indem man den betreffenden Keil, Mutter oder Schraube losmacht. Es ist dann sehr darauf zu achten, daß die Ringe gegenseitig nicht verwechselt werden und beim Zusammenbau wieder jeder Teil auf seinen ursprünglichen Platz kommt.

Ist bei Kolbenringen eine Sicherung gegen die Verdrehung nicht vorhanden, so sollen die Öffnungen oder Schlitze der Ringe beim Einbau des Kolbens um etwa ein Drittel des Umfanges versetzt werden.

Die Probe auf Dichthalten der Ringe wird wie die vorher für die Ventile beschriebene Druckprobe ausgeführt.

Bei jedem Kolbenausbau sollen auch alle Ventile nach den Angaben im vorhergehenden Absatz eingeschliffen werden.

Die Höhe des schädlichen Raumes im Hochdruckzylinder ist vor dem Ausbau des Kolbens zu messen, um das normale Spiel schon vor oder während dem Zusammenbau des Kompressors einstellen zu können.

Als schädlichen Raum bezeichnet man den Kompressionsraum, der bei der inneren Totpunktstellung zwischen Kolben, Ventilen und Zylinderdeckel vorhanden ist.

Der Spielraum zwischen Kolben und Deckel wird am besten festgestellt, indem man einen 3 bis 4 mm starken Bleidraht entsprechend gebogen in den Zylinder hineinhält und durch Drehen der Maschine bewirkt, daß dieser Bleidraht vom Kolben an den Zylinderdeckel angepreßt wird, worauf man den Spielraum an der zusammengepreßten Stelle des Drahtes abmessen kann.

Findet man z. B. im Hochdruckzylinder einen Spielraum von 1½ mm vor, während der normale Spielraum nur 1 mm betragen soll, so wird man, je nach der Konstruktion der Treibstange, zwischen Kolbenzapfenlager und Treibstange oder Kurbellager und Treibstange eine Unterlage von ½ mm starken Blech beifügen.

Sehr wichtig ist, daß der Kolben nicht durch Fehler im Kurbel- oder Kolbenzapfenlager im Zylinder schief zu stehen kommt. Man beobachte deshalb beim Ausbau die Gleitflächen des Kolbens, und — sofern ein Lager nachgearbeitet wird — hat man dann beim Einbau das gleichmäßige Spiel zwischen Kolben und Zylinder durch Fühllehren festzustellen.

Nachdem auch das Kurbellager gut gereinigt und mit dem entsprechenden Spiel zusammengepaßt wurde, überprüft man den Spielraum in der Hochdruckstufe und dreht nach Fertigstellung des Kompressors die Maschine vorsichtig einige Male herum.

13. Kompressorkühlung, Zwischenkühler und Druckrohre.

Alle 6 Monate sind die Kühlräume des Kompressors und des Zwischenkühlers, aber auch sämtliche Druckrohre innen zu reinigen.

In den Kühlräumen des Kompressors und im Zwischenkühler ist häufig eine Verschlammung oder eine Versandung anzutreffen. Auch die Kühlrohre oder Schlangen sind gewöhnlich mit Schlamm überzogen, der ebenfalls ganz zu entfernen ist.

Eine gründliche Reinigung wird am besten vorgenommen, indem man alle Deckel und Verschraubungen abnimmt und zuerst den Schlamm durch Abschaben und Auskratzen soviel als möglich entfernt, um dann mit einer bis zu 40° erwärmten, starken Sodalauge nachzuspülen.

Der Kühlraum im Zylinderdeckel der Hochdruckstufe ist auf Wassersteinbildung zu untersuchen und — wenn notwendig — zu reinigen, wie das für die Zylinderdeckel der Arbeitszylinder üblich ist.

Die Reinigung des Inneren der Druckrohre vom Niederdruckzylinder bis zum Einblasegefäß ist sehr wichtig, wird aber im allgemeinen sehr vernachlässigt.

Die Luft, die durch diese Rohre gepreßt wird, führt stets Staub, Öl und Wasserteilchen mit, die dann zum Teil an den Wandungen der

Rohre haftenbleiben und dort eine allmählich größer werdende, klebrige Schmutzschichte bilden. Das Anwachsen dieser Schmutzschichte kann bei Vernachlässigung der Reinigung bis zur vollständigen Verstopfung eines Rohres führen.

Da die klebrige Schmutzschichte im Innern der Rohre die durchgehende heiße Luft von der Wasserkühlung isoliert, steigert sich die Temperatur der Druckluft oft dermaßen, daß die mitgeführten Schmierölteilchen zur Verdampfung gebracht werden, wodurch dann eine Entzündung oder Explosionsgefahr entsteht.

Aber schon ein geringer Schmutzbelag in den Rohrleitungen hat eine schlechtere Abkühlung der Luft und somit eine Verminderung der Leistungsfähigkeit des Kompressors zur Folge.

Die Druckrohre sind zwecks Reinigung abzuschrauben und, soweit es möglich ist, auszukratzen oder auszuschaben. Dann verpfropft man die Rohre an einem Ende, füllt eine starke, sehr heiße Sodalauge ein und wiederholt den Vorgang, bis eine vollständige Reinigung erzielt wird. Nicht allzu große Druckrohre oder Schlangen können auch in einem größeren Gefäß mit Sodalauge ausgekocht werden. Verstopfte oder zu stark verkrustete Rohre sind auszuglühen.

Auch die Ölabscheider sind gründlich zu reinigen. Salzsäure darf bei diesen Reinigungsarbeiten nicht verwendet werden.

Nach Anbringen aller Rohre wird die Probe auf Dichthalten ausgeführt, indem man bei entsprechendem Druck alle Flanschenverbindungen, Anschlüsse usw. mit Seifenschaum bestreicht und ein eventuelles Austreten von Luft beobachtet. Damit die Druckrohre möglichst wenig verschmutzen, ist im Betriebe ein allzu reichliches Schmieren des Kompressors zu vermeiden und ein stündliches Öffnen der Hähne für Kondenswasser und Ölausscheidung vorzunehmen.

14. Einblase- und Anlaßgefäß.

Das Innere des Einblasegefäßes ist alle 3 Jahre gründlich zu reinigen und wenn notwendig mit Minium anzustreichen.

Bei den Anlaßgefäßen ist dieselbe Arbeit alle 6 Jahre auszuführen.

Dabei sind auch die Entwässerungsrohre sowie die Durchgänge in den Gefäßköpfen gut zu reinigen. Es ist genau darauf zu sehen, daß alle Rohre, die in das Innere der Gefäße führen, intakt sind.

Unbrauchbar gewordene Dichtungen sind zu erneuern und die alten Reste auf das peinlichste zu entfernen.

Die Ventilspindeln sind in der Führung sowie im Gewinde zu reinigen und einzufetten. Die Kegel mit Rillen müssen durch neue ersetzt werden. Die Stopfbüchsenpackungen müssen erneuert werden.

Arbeitszylinder.

15. Auspuffventil und Verbrennungsraum.

Bei normalem Betrieb mit gut gereinigtem Brennstoff sind die Auspuffventile monatlich einmal zu reinigen und einzuschleifen. Bei jedesmaligem Wechsel oder Einschleifen eines Auspuffventils ist auch eine vollkommene Reinigung des Verbrennungsraumes des betreffenden Arbeitszylinders vorzunehmen.

Nach längerem Arbeiten mit Überlastung und stärkerem Rauchen des Auspuffes ist es angezeigt, die Reinigungsarbeiten sofort vorzunehmen.

Beim Ausbau festsitzender Auspuffventilgehäuse darf niemals zwischen Flansch und Zylinderdeckel aufgekeilt und auch nicht mit der Brechstange oder dem Flaschenzug ein gewaltsames Losreißen des Ventils versucht werden.

In solchen Fällen ist immer zuerst das Saugventil auszubauen, damit durch diese Öffnung zwischen das Auspuffventilgehäuse und dem Kolben ein geeignetes Holz oder Eisenstück untergestellt werden kann, um so mittels des Schaltwerkes am Schwungrad das festgebrannte Ventil herausdrücken zu können.

Für jeden Arbeitszylinder sollen zwei vollständige Auspuffventile vorhanden sein, damit der Maschinist während der Betriebspausen nicht durch das Auseinandernehmen und Einschleifen der ausgebauten Ventile die Zeit verliert, sondern sich einzig und allein der vollkommenen Reinigung des Verbrennungsraumes widmen kann.

Das ausgebaute Auspuffventil soll während des Betriebes in aller Ruhe gereinigt, eingeschliffen und in Ordnung zusammengebaut werden. Auf diese Weise wird es möglich, auch bei Vorhandensein von mehreren Zylindern das Auswechseln des Auspuffventiles und die Reinigung des Verbrennungsraumes bei allen Zylindern zugleich vornehmen zu können, was besonders bei starker Belastung, wegen der sicheren und gleich hohen Kompression in sämtlichen Zylindern, von großem Vorteil ist.

Der Verbrennungsraum wird am besten in folgender Weise gereinigt: Nach Ausbau des Auspuffventils wird der Kolben in einer Höhe festgehalten, bei welcher der Kolbenboden durch die Öffnung für das Auspuffventil mit der Hand noch leicht erreichbar ist.

Sodann wird durch eine Schnur, Tuchstreifen oder dgl. der Spielraum zwischen Kolben und Zylinderwandung ringsherum gut ausgestopft, damit beim Reinigen kein Schmutz zwischen Kolben und Zylinder fallen kann.

Durch einen geeigneten Schaber, wie man einen solchen leicht nach Abb. 16 aus einer abgenützten Flachfeile herstellen kann, wird im Verbrennungsraum sowohl der Kolbenboden und Zylinderdeckel, wie auch der belegte Teil der Zylinderbüchse von allen Krusten durch Abschaben oder Abkratzen befreit. Der vorhandene Schmutz wird dann sorgfältig aus dem Verbrennungsraum entfernt und der nicht erfaßbare Staub durch einen mit Öl befeuchteten Lappen aufgewischt.

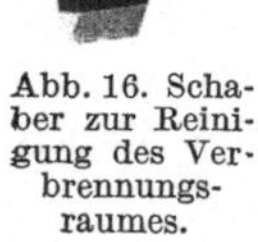
Abb. 16. Schaber zur Reinigung des Verbrennungsraumes.

Die den Verbrennungsraum abschließenden Teile müssen wieder vollkommen metallisch rein sein, bevor die Abdichtungsschnur zwischen Kolben und Zylinder entfernt wird. Nachher stellt man den Kolben etwas tiefer, um etwa durchgedrungenen Staub noch an der Zylinderwandung abwischen zu können.

Ist der Kolben mit einem auswechselbaren Kolbenboden versehen, so prüft man nach jeder Reinigung in der oberen Totpunktlage durch Klopfen und gleichzeitiges Befühlen des eingesetzten Bodens, ob sich eine Lockerung bemerkbar macht. Ist eine Bewegung wahrnehmbar, so muß der Kolben sobald als möglich ausgebaut werden, um den Kolbenboden aufschleifen und festziehen zu können.

Ist für das Abdichten des Ventilgehäuses im Zylinderdeckel ein Dichtungsring nicht vorgesehen, so sind die Dichtungsflächen auf gutes Abschließen zu kontrollieren und eventuell nachzuschleifen.

Haben die Ventilgehäuse einen auswechselbaren Ventilsitz, so wird dieser im Zylinderdeckel mit einer Vorrichtung eingeschliffen, wie eine solche in Abb. 17 dargestellt ist.

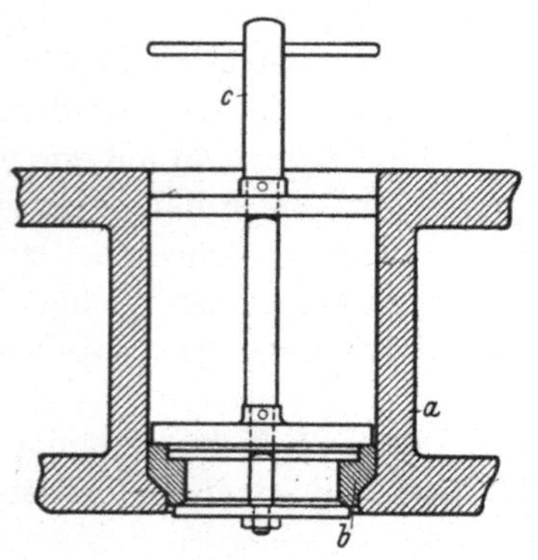

Abb. 17. Ventilsitz-Einschleifvorrichtung. *a* Zylinderdeckel, *b* Ventilsitz, *c* Einschleifvorrichtung.

Da im Zylinderdeckel besonders an der Abdichtungsstelle für das Auspuffventilgehäuse am leichtesten ein Werfen oder Verziehen vorkommt, so ist es um so notwendiger, das Aufschleifen der Dichtungsflächen öfters und zwar nur mit guter Führung vorzunehmen. Auch Ventilgehäuse, für die Unterlegen eines Dichtungsringes vorgesehen ist, müssen von Zeit zu Zeit aufgeschliffen werden, wodurch dann auch das übermäßig starke Anziehen vermieden werden kann.

Bei Ventilgehäusen, die weder geteilt sind noch einen auswechselbaren Ventilsitz haben, sind zum Aufschleifen der Dichtungsflächen die im Zylinderdeckel zum Anziehen der Gehäuse vorhandenen Stiftschrauben mindestens jährlich einmal herauszunehmen.

Auch beim Einschleifen von Ventilgehäusen sind ganze Umdrehungen ohne Anheben des Gehäuses absolut zu vermeiden.

Das Einschleifen des Ventils im Gehäuse darf nur in vertikaler Stellung vorgenommen werden.

Auch ist zu beachten, daß beim Auspuffventil wegen der Ausdehnung ein größeres Spiel in der Schaftführung vorhanden ist und daß beim Ventilsitz wie beim Gehäuse wegen der großen Hitze leicht ein Verziehen vorkommen kann, weshalb das Einschleifen der Auspuffventile öfter mit aufgeschraubter oberer Führung vorzunehmen ist (siehe Abb. 18).

Das Hineinfallen von Ventilen in den Arbeitszylinder durch Abbrechen der Spindel am Kegel oder an der oberen Führung, wird stets mit der Erklärung abgetan, daß das Material der Ventilspindel fehlerhaft war. In Wirklichkeit hat aber die Spindel viele hunderttausend Biegungen erleiden müssen, weil die Auflage im Ventilsitz mit der Führung der Spindel nicht genau übereinstimmte, weshalb jedesmal beim Öffnen und Schließen an der schwächsten Stelle der Ventilspindel eine Federung oder Biegung stattfand, die schließlich zur Ermüdung des Materials und zum Bruch führen mußte.

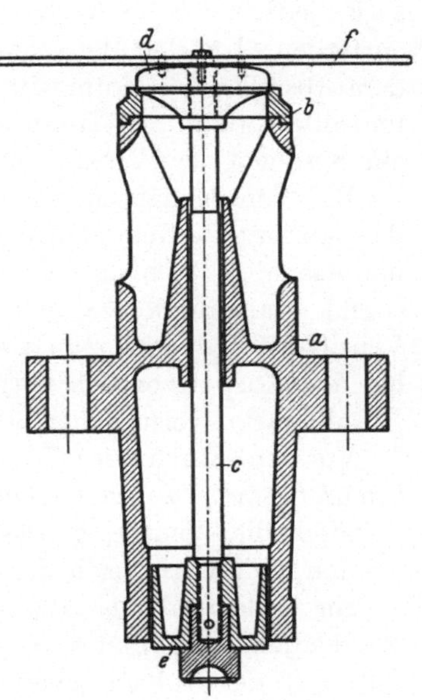

Abb. 18. Ventileinschleifen mit doppelter Führung.
a Ventilgehäuse, *b* Ventilsitz, *c* Ventilspindel, *d* Ventilkegel, *e* Obere Führung, *f* Wendeisen.

Das wiederholte Hängenbleiben eines Ventils deutet darauf hin, daß zwischen der unteren Schaftführung und der oberen Führung eine Abweichung besteht, die ein Klemmen der Spindel verursacht, weshalb dann in der Nähe der oberen Führungsbefestigung ebenfalls ein Spindelbruch früher oder später zu befürchten ist.

Eine genaue Führung ist deshalb für richtiges Einschleifen des Gehäusesitzes im Zylinderdeckel und des Ventilsitzes im Gehäuse unerläßlich (Abb. 17 und 18).

Vor dem Einschleifen eines Gehäusesitzes im Zylinderdeckel ist im Verbrennungsraum ein Putzlappen auszubreiten.

Beim Aufschleifen einer Dichtungsfläche oder eines Ventilsitzes macht man wiederholt an einer Stelle unter gleichzeitigem Andrücken etwa eine Vierteldrehung und hebt dann den Gegenstand jedesmal bei der Rückbewegung etwas an. Von Zeit zu Zeit wird dann der aufzuschleifende Gegenstand um eine Vierteldrehung verstellt.

Ritze und Rillen entstehen in den Ventilsitzen, indem man beim Aufschleifen unter Andrücken ganze Drehungen ausführt.

Man soll zum Aufschleifen keinen allzu groben Schmirgel verwenden und die Sitze so glatt als möglich herstellen, weil ein gut polierter Ventilsitz dauerhafter ist.

Sind im Ventilsitz kleine Vertiefungen zu bemerken, so ist im Verbrennungsraum eine größere Verschmutzung oder Krustenbildung vorhanden gewesen, wovon sich immer kleine Teile loslösten und beim Passieren des Auspuffventils im Sitze eingeklemmt wurden und so durch das Anschlagen des Ventils allmählich eine Vertiefung verursachten.

Ist bei gekühlten Auspuffventilen Wassersteinbildung vorhanden, so ist jedesmal beim Ausbau des Ventils auch der Wasserstein ganz zu entfernen. Um den Wasserstein zu lösen, läßt man das Ventil kurz vor dem Abstellen des Motors etwa 5 Minuten ohne Wasserkühlung arbeiten und öffnet dann den Hahn wieder ganz, damit der kalte Wasserstrahl ein Springen der Wassersteinschichte verursacht.

Bei Ventilgehäusen mit Wasserkühlung muß ebenfalls bei jedem Ausbau für gute Reinigung des Kühlraumes gesorgt werden. Hier kommt hauptsächlich eine mechanische Reinigung durch Auskratzen in Betracht; Salzsäurelösung soll nur im Notfall angewendet werden. Bei Ventilgehäusen darf man zwecks Lösung des Wassersteins nicht wie bei den Auspuffventilen verfahren, weil der große Temperaturwechsel Rißbildungen verursachen würde.

Vor dem Einbau des Ventils überzeuge man sich, daß nichts im Verbrennungsraum zurückgeblieben ist.

Sind die Ventile gewissenhaft zusammengestellt und eingebaut worden, so erübrigt sich die Vornahme einer Druckprobe.

Im Bedarfsfalle ist die Druckprobe folgendermaßen asuzuführen: Bei demjenigen Zylinder, bei dem die Druckprobe vorgenommen werden soll, wird der Kolben genau in den oberen Totpunkt gebracht (Beginn des Verbrennungshubes), dann wird der Anlaßexzenterhebel in die Betriebsstellung gelegt, damit die Brennstoffnadel geöffnet wird. Alle anderen Ventile müssen geschlossen sein, der Probierhahn am Auspuffrohr ist zu öffnen, damit man Undichtheit des Auspuffventils gut beobachten kann. Nun wird das Absperrventil am Einblasegefäß geöffnet und rasch wieder geschlossen. Ist das Auspuffventil fehlerhaft, so kann man das Entweichen der Luft leicht am Auspuffprobierhahn hören und beobachten. Ist das Saugventil undicht, so wird die Luft am Saugstutzen ausströmen.

Sobald alle anderen Arbeiten beendet sind, wird das Spiel zwischen Auspuffventilhebelrollen und Steuerscheiben bei allen Zylindern gleich eingestellt und auch das Spiel für die Saug- und Brennstoffventile kontrolliert.

Dabei ist zu beachten, daß für die Auspuffventile ein größeres Spiel zu belassen ist, weil sich die Spindel während des Betriebes durch die große Hitze ausdehnt und dadurch das Spiel zwischen Hebelrolle und Steuerscheibe vermindert. Deshalb ist es auch notwendig, das Spiel für die Auspuffventile während einer größeren Belastung des Motors nachzusehen.

Bei jedem Wechsel oder Ausbau der Auspuffventile ist es angezeigt, auch die Anlaß- und Saugventile auf rasches Schließen auszuprobieren. Dies wird am besten durch Anheben und Zurückschnellenlassen des betreffenden Ventilhebels ausgeführt, was man auch mit einer Holzleiste von der Steuerwelle aus leicht vornehmen kann.

Weitere Ausführungen über Ventile und Ventilgehäuse findet der Leser unter „Reparaturen".

16. Brennstoffventil.

Das Brennstoffventil ist ebenfalls einmal monatlich gründlich zu reinigen, weshalb es sich empfiehlt, diese Reinigung zu gleicher Zeit mit dem Wechsel der Auspuffventile vorzunehmen.

Ist das Brennstoffventilgehäuse im Zylinderdeckel festgebrannt, so daß ein normales Herausnehmen nicht möglich ist, so wird durch die Öffnung für das Auspuffventil ein Kupfer- oder Holzstück eingeführt, das aber im Durchmesser etwas kleiner sein muß als die Überwurfmutter der Düsenplatte. Dieses Holzstück wird dann genau unter das Brennstoffventil gebracht und mit dem Kolben durch das Schaltwerk nach oben gepreßt, wodurch dann das Ventilgehäuse ohne Beschädigung herausgedrückt wird. Auf keinen Fall darf bei festgebranntem Brennstoffventilgehäuse zwischen dem oberen Teil des Gehäuses und dem Zylinderdeckel durch Hebelkraft oder Keile ein Herausnehmen versucht werden. Viele Brennstoffventilgehäuse wurden durch ein solches Vorgehen abgebrochen.

Der Sitz des Brennstoffventilgehäuses sollte alle 6 Monate auf gutes Dichten kontrolliert und dabei mit einer feinen Schleif- oder Poliermasse im Zylinderdeckel nachgeschliffen werden.

Wenn in der Düsenplatte nur ein Loch vorhanden ist, so muß das Brennstoffventilgehäuse zur monatlichen Reinigung nicht immer herausgenommen werden, wohl aber ist es notwendig, den Zerstäuber auszubauen und die Zerstäuberringe sowie die Krone gut zu reinigen und den Konus im Gehäuse aufzuschleifen.

Die Einloch-Düsenplatte wird durch einen entsprechend langen Messingdraht gereinigt, der am Ende zu einer konischen Drei- oder Vierkantreibahle zugefeilt wird. Mit dieser kann man dann im Düsenloch durch Drehen des Drahtes Krusten leicht entfernen.

Zum Zwecke der Reinigung dieser Düsenbohrungen darf man Eisen-

oder Stahldrähte nicht verwenden, weil dadurch leicht der Nadelsitz beschädigt und die Löcher der Düsen vergrößert werden können.

Die Löcher der Düsenplatten müssen bei allen vorhandenen Zylindern ganz gleich groß sein. Man überprüft das am einfachsten nach erfolgter Reinigung, indem man einen konischen Draht, der jedesmal frisch mit Minium zu bestreichen ist, in die Düsen zwecks Abzeichnung einführt und nach jeder Markierung den Draht zum Vergleich in eine normale Reserve-Düsenplatte steckt oder durch Messen mit einer Schublehre den Unterschied feststellt.

Sind die Düsenlöcher zu groß, so wird sehr viel Luft verbraucht, aber ein reiner Auspuff schon bei verhältnismäßig niedrigem Einblasedruck erzielt.

Der Motor stößt oder neigt zu Verbrennungsstößen, sobald der Einblasedruck erhöht wird.

Sind die Düsenlöcher zu klein oder verkrustet, so muß bei normaler Belastung ein abnormal hoher Einblasedruck gehalten werden, um einen reinen Auspuff zu erzielen.

Sind in der Düsenplatte mehrere kleine Löcher vorgesehen, so ist für deren Reinigung das Brennstoffventilgehäuse jedesmal auszubauen. Auch ist eine öftere Reinigung notwendig, weil kleinere Löcher sich leichter verstopfen und ein oder zwei zugewachsene Löcher eine schlechtere Verteilung im Verbrennungsraum zur Folge hat. Es empfiehlt sich in diesem Falle, besonders beim Stillsetzen der Maschine, darauf zu achten, daß nach dem Abstellen der Brennstoffpumpe noch genügend hoher Einblasedruck vorhanden ist und daß die Brennstoffnadel nicht sofort außer Tätigkeit gesetzt wird. Die Luft fegt dann den Zerstäuber und die Düsenplatte von anhaftendem Brennstoff rein, andernfalls der Brennstoffrest durch die nach dem Abstellen der Maschine zunehmende Temperatur vertrocknet und verkrustet.

Vor dem Einschleifen der Nadel wird das Innere des Gehäuses und der Nadelsitz gut gereinigt und die aufgeschliffene und gut gereinigte Zerstäuberhülse eingebaut. Im allgemeinen soll die Nadel nur mit einer Poliermasse eingeschliffen und das Anheben genau wie bei anderen Ventilen vorgenommen werden. Nur ein absolut glattpolierter Nadelsitz ist dauerhaft. Rauhe oder Ritzen aufweisende Nadelsitze sind unter allen Umständen zu vermeiden.

Nach dem Einschleifen wird der Sitz im Gehäuse wieder gereinigt, indem man die Spitze der Nadel mit dickem Öl bestreicht, dann ein wiederholtes Einschleifen am Gehäusesitz vornimmt und inzwischen die Nadelspitze immer wieder reinigt.

Das Stopfbüchsengehäuse ist vorsichtig und gleichmäßig anzuziehen und dabei immerwährend mit der Brennstoffnadel zu probieren, um so ein Klemmen der Nadel durch Verziehen vermeiden zu können. Die

Brennstoffnadel muß sich nach erfolgtem Festziehen des Gehäuses leicht bewegen lassen und soll in jeder Stellung durch das eigene Gewicht in das Gehäuse hineinfallen.

War die Stopfbüchsenpackung undicht, so ist jetzt Gelegenheit, die Packung nachzuziehen und durch Einschleifen der Nadel wieder eine leichte Beweglichkeit derselben herzustellen. Die Packung wird am besten nach und nach — bei gleichzeitigem Einschleifen der Nadel mit einer feinen Poliermasse — angezogen und zuletzt wiederholt mit Zugabe von reinem Öl nachgeschliffen.

Die Packung darf auf keinen Fall während des Betriebes nachgezogen werden, weil dabei die Nadel sehr leicht hängenbleiben könnte, was ein Abschmelzen des unteren Teiles des Brennstoffgehäuses zur Folge haben würde.

Die Brennstoffnadel ist, sofern es der Betrieb erlaubt, wöchentlich einmal zum Zwecke des Schmierens herauszunehmen. Für diese Schmierung soll dickflüssiges Dampfmaschinenzylinderöl verwendet werden, das stets staubfrei aufzubewahren ist. Am besten hält man sich eine Flasche oder Blechkanne mit einem größeren Hals und befestigt im Pfropfen einen starken Draht mit einem Wischer, womit man dann die Nadel immer von unten bis oben bestreichen kann, ohne das Öl mit dem Finger verteilen zu müssen. Auch der Teil der Nadel, der in die Zerstäuberhülse kommt, soll mit Öl bestrichen werden.

Die Probe auf Dichthalten des Nadelsitzes macht man sowohl bei ausgebautem Auspuffventil als auch bei geöffnetem Saugventil oder Indikatorhahn. Um bei solchen Proben nicht allzuviel Druckluft zu verbrauchen, setzt man die Rohrleitungen unter Druck und schließt dann das Absperrventil an dem Einblasegefäß sofort wieder ab. Ist irgendwo ein Verlust vorhanden, so ist er sehr leicht an der Luftausströmung zu entdecken.

Es wird dann, nach Fertigstellen aller anderen Arbeiten, das von der Fabrik angegebene Spiel zwischen Nockenscheibe und Hebelrolle bei allen Zylindern gleich eingestellt.

Natürlich ist für ein gutes und gleichmäßiges Arbeiten der Maschine vor allen Dingen notwendig, daß alle Brennstoffnocken zur günstigsten Zeit öffnen und schließen. Die genaue Einstellung der Brennstoffnocken kann nur durch Aufnahme von Arbeitsdiagrammen mit dem Indikator vorgenommen werden. Aber trotzdem hat der Maschinist die Möglichkeit, die Einstellung der Brennstoffnocken später ohne Indikator zu kontrollieren und größere Abweichungen oder Unregelmäßigkeiten zu vermeiden, wenn er sich die durch Diagrammentnahme gefundene günstigste Einstellung des Brennstoffnockens am Schwungrad bezeichnet.

Zu diesem Zweck wird der Kolben des betreffenden Zylinders in den oberen Totpunkt (Verbrennungshub) gestellt und außen am

Schwungrad ein dauerndes Zeichen durch Anreißen oder Ankörnen so angebracht, daß dieses Zeichen mit einem am Geländer befestigten Zeiger übereinstimmt. Nun wird das Schwungrad etwas zurückgestellt, das Absperrventil am Einblasegefäß geöffnet und in Betriebsstellung das Schwungrad nur so weit nach vorne gedreht, bis am Indikatorhahn die Luft ganz schwach auszutreten beginnt.

Man schließt dann das Absperrventil am Einblasegefäß und macht wie vorhin am Schwungrad wieder eine Bezeichnung, die natürlich auch genau mit dem am Geländer befestigten Zeiger übereinstimmen muß. Der Motor ist dann so weit zu schalten, bis sich das Brennstoffventil schließt, das ist der Punkt, bei dem sich die Hebelrolle schon etwas drehen läßt, aber ein Spiel noch nicht entstanden ist.

Diese Stellung wird am Schwungrad wieder wie vorhin bezeichnet. Nun hat man die genaue Einstellung des Brenstoffnockens aufgetragen und ist demzufolge jederzeit imstande, spätere Abweichungen oder Verschiebungen auch ohne Indikator richtigzustellen.

Will man nun feststellen und eintragen, wieviel Grade das Brennstoffventil vor dem oberen Totpunkt öffnet und bei wieviel Graden nach dem Totpunkt geschlossen wird, so dividiert man den Schwungradumfang durch 360, wodurch man dann die Größe eines Grades erhält. Durch Abmessen von der Totpunktbezeichnung aus kann man derart das Voröffnen und Nachschließen in Graden leicht ermitteln.

Wenn bei einer Stopfbüchse ein Nachziehen nicht mehr möglich oder das Dichtungsmaterial schlecht geworden ist, so muß stets die ganze Dichtung erneuert werden. In der Regel soll man das von der Fabrik gelieferte Spezialmaterial für die Dichtung zur Verfügung haben.

Ist ein solches Material aber nicht vorhanden, so empfiehlt es sich, die Dichtung folgendermaßen mit feinen Bleispänen herzustellen.

Die Bleispäne, die trocken und staubfrei sein müssen, werden auf einem großen Bogen Packpapier ausgebreitet. Dann gibt man in eine Ölspritze etwas Zylinderöl und spritzt so lange, bis bei raschem Bewegen des Spritzenkolbens nur mehr ein Öldampf in Form von Rauch herauskommt. Mit diesem Öldampf werden dann die Bleispäne befeuchtet, wobei aber auf den Spänen eine Tropfenbildung vermieden werden soll. Dann werden die Bleispäne umgedreht und die Befeuchtung mit Öldampf wiederholt. Nachher wird guter Flockengraphit gleichmäßig über die Bleispäne gestreut und auch das Streuen nach dem Umdrehen der Späne wiederholt. Der übermäßige Graphitbelag wird vor dem Einstampfen abgeschüttelt.

Nun wird das Gehäuse zum Einstampfen über die Führungsnadel gebracht und — wenn kein Schlußdichtungsring vorhanden ist — ein genau passender Asbestring in das Gehäuse eingeführt, worauf die Bleispäne mit dem Spezialstampfer eingestampft werden. Es sollen auf einmal immer nur wenige Bleispäne um die Führungsnadel gewickelt, und eingestampft und dabei sowohl der Stampfer wie auch das Gehäuse oder die Führungsnadel öfter gedreht werden. Es soll nicht mit dem Hammer geschlagen, sondern nur mit der Hand eingestampft werden. Je weniger Bleispäne man auf einmal nimmt, und je länger man stampft, desto besser und dauerhafter wird die Dichtung.

Eine auf diese Weise hergestellte Dichtung hält jahrelang. Die Nadel wird wie vorher angegeben eingeschliffen.

Außer einer ungenügenden Instandhaltung trägt hauptsächlich zur schnellen Abnützung des Brennstoffventils sowie der Stopfbüchsendichtung die Verwendung von schlecht filtriertem Gasöl, von zu dickflüssigem oder nicht gereinigtem Rohöl bei.

Bei langsam laufenden Motoren kann gereinigtes und vorgewärmtes zähflüssiges Rohöl auch ohne Gasölzusatz mit vorzüglichem Resultat verwendet werden, während bei höherer Tourenzahl ein Gasölzusatz bis zu 50% notwendig wird, weil die Einspritzdauer zu kurz ist, um eine gute Vermischung und eine exakt gleichmäßige Einspritzung mit dem dickflüssigen Brennstoff zu ermöglichen. So steht z. B. bei einem Motor von 375 Uml/min für den ganzen Einspritzvorgang nur die kurze Zeit von $^{1}/_{50}$ Sekunde zur Verfügung, während bei einem Motor von 187 Uml/min, für die gleiche Einspritzung die doppelte Zeit, also $^{2}/_{50}$ oder $^{1}/_{25}$ Sekunde zur Verfügung steht.

Wenn bei Schnelläufern zu dickflüssiges Öl verwendet wird, so müssen die Instandhaltungsarbeiten, besonders für Auspuff- und Brennstoffventil, häufiger vorgenommen werden, aber außerdem mehren sich die kleinen Ausbesserungen. Die Betriebssicherheit sowie die Lebensdauer bestimmter Organge werden vermindert.

Ist in der Einblaseleitung ein Rückschlagventil angeordnet, so ist dieses von Zeit zu Zeit zu reinigen und auf gutes Schließen zu untersuchen.

Die beim Brennstoffventil vorkommenden Reparaturen werden unter dem betreffenden Abschnitt ausführlich besprochen.

17. Saugventil.

Das Saugventil ist, von außergewöhnlichen Fällen abgesehen, alle drei Monate auszubauen, gründlich zu reinigen und genau so einzuschleifen, wie das beim Auspuffventil angegeben ist.

Das Saugrohr und die Schlitze des Saugstutzens oder des Saugkorbes sind alle Monate gut zu reinigen. Es ist sehr wichtig, daß die Ansaugeschlitze immer rein sind, weil durch jede Verkleinerung dieser Schlitze weniger Luft in den Zylinder gelangt und die Motorleistung infolgedessen zurückgeht.

Außerdem steigert sich durch eine starke Verschmutzung der Ansaugschlitze auch der Schmierölverbrauch, denn von der Zylinderschmierung wird wenig oder gar kein Öl zurückgewonnen, sondern es wird verbraucht, weil durch den großen Ansaugwiderstand der Unterdruck im Zylinder Öl zwischen Kolben und Zylinder absaugt.

Der Einbau und die Probe des Saugventils geschieht genau wie beim Auspuffventil.

Man vergesse nicht das notwendige Spiel, das gewöhnlich für alle Ventile von der Baufirma angegeben wird, zwischen Hebelrolle und Steuerscheibe bei allen Zylindern gleich einzustellen.

18. Anlaßventil.

Das Anlaßventil ist alle 6 Monate auszubauen. Der Ventilschaft und die Führung im Gehäuse sind von verharztem Öl zu befreien und der Ventilsitz so leicht und so fein als möglich einzuschleifen.

Im Schaft vorhandene Dichtungsringe sind mit Petroleum zu reinigen und leicht beweglich zu machen. Bei der Reinigung dieses Ventils darf auf keinen Fall mit Schmirgelpapier herumgekratzt werden. Beim Zusammenbau des Ventils ist die Führung mit reinem dickflüssigen Öl gut zu schmieren.

Beim Einbau des Gehäuses ist zu berücksichtigen, daß dieses nach dem Innern des Motors und nach außen gleich gut abzudichten ist. Deshalb soll man mit dem Einschleifen des Gehäusesitzes sehr vorsichtig sein und nicht zu viel herumschleifen, weil dadurch das Ventilgehäuse immer tiefer zu stehen kommt und schließlich die obere Fläche des Gehäuses nicht mehr mit der Dichtungsfläche des Zylinderdeckels übereinstimmen wird.

Wenn in diesem Falle der Abschlußflansch das Gehäuse nicht mehr genügend fest anpreßt, so darf die bestehende Differenz nicht durch einen weichen Dichtungsring ausgeglichen werden, sondern nur das Auflegen einer genau passenden Metallscheibe auf die obere Fläche des Gehäuses bietet dauernde Sicherheit.

Die Probe des Anlaßventils macht man im oberen Totpunkt bei geschlossenem Brennstoff-, Saug- und Auspuffventil und geöffnetem Indikatorhahn. Das Absperrventil am Anlaßgefäß wird geöffnet und rasch wieder geschlossen. Beim Indikatorhahn und um den Gehäuseflansch am Zylinderdeckel beobachtet man dann, ob Luft austritt.

Ist beim Indikatorhahn ein Luftaustritt zu bemerken, so kann sowohl das Ventil wie auch der Gehäusesitz undicht sein. Am besten ist dann sofortiger Ausbau von Auspuff- oder Saugventil, worauf man sich durch Befühlen mit der Hand überzeugt, ob Luft am Ventil oder am Gehäusesitz austritt.

Das Spiel zwischen Hebelrolle und Steuerscheibe beträgt in den meisten Fällen 2 mm. Um einem Hängenbleiben vorzubeugen, ist das Ventil während der Betriebspausen zum Zwecke der Beobachtung des raschen Schließens von Zeit zu Zeit zu öffnen.

19. Brennstoffpumpe.

Die Brennstoffpumpe, Ventile, Saugtopf und Schwimmer sind je nach der Eigenschaft des Brennstoffes alle 3 bis 5 Monate gut mit Petroleum zu reinigen.

Für gewöhnlich sind die Ventile mit einer Poliermasse, wie schon bei den Kompressorventilen angegeben wurde, einzuschleifen.

Ist für mehrere Zylinder nur eine Brennstoffpumpe vorhanden, so sind die Brennstoffverteiler oder die Verteilerdüsen ebenfalls gut mit Petroleum zu reinigen.

Wird bei einer solchen Konstruktion trotz gleicher Kompression eine ungleiche Arbeitsleistung der Zylinder wahrgenommen, so ist das gewöhnlich auf ungleiche oder zu große Düsenlöcher zurückzuführen.

Zu große Verteilerdüsen verursachen bei geringer Belastung leicht Aussetzer und somit eine schwankende Umlaufzahl der Maschine. Es ist dann am besten, die Düsen gegen neue von der Fabrik auszuwechseln.

Bei verstellbaren Brennstoffverteilern, wie bei Carelsmotoren, ist vor dem unnötigen Herumstellen bei den Verteilern sehr zu warnen. Denn es kommt vor, daß ein Zylinder wegen geringer Kompression nicht gleich zündet, das Personal aber das Ausbleiben der Zündung auf das Fehlen von Brennstoff zurückführt und deshalb den betreffenden Verteiler etwas mehr öffnet. Wird dann dieser Verteiler nicht genau auf seine ursprüngliche Einstellung zurückgebracht, so muß der betreffende Zylinder mit großer Überlastung arbeiten.

Bei Vorhandensein von mehreren Zylindern ist für die günstigste Leistungsverteilung die Feineinstellung der Verteiler oder Brennstoffpumpen, wie dies unter „Wartung während des Betriebes" ausgeführt wird, vorzunehmen.

Nach dem Einschleifen der Ventile, eventuell auch der Ventilgehäuse, sind alle Teile gut mit Petroleum zu reinigen.

Um das Dichthalten der eingeschliffenen Ventile festzustellen, genügt für gewöhnlich die Probe mit reinem Petroleum. Zu diesem Zwecke wird das Ventilgehäuse mit geschlossenem Ventil senkrecht festgehalten und in das Innere des Gehäuses reines Petroleum gegeben, dabei ist genau darauf zu sehen, daß Gehäuse und Ventil außen gut abgetrocknet sind und das Petroleum nicht überläuft.

Ein gut schließendes Ventil darf bei dieser Probe nicht tropfen und auch nicht durchnässen.

In außergewöhnlichen Fällen kann man eine ganz verläßliche Druckprobe des Pumpenkörpers und der Ventile durch die Einblaseluft vornehmen. Das Saugventil und die Pumpenkolbenabdichtung werden geprüft, indem man die Druckventile ausbaut und bei geschlossener Brennstoffnadel die Einblasedruckluft durch die Brennstoffleitung bis in die Brennstoffpumpe gelangen läßt. Undichtigkeiten werden sich sofort durch das Entweichen von Luft bemerkbar machen.

In gleicher Weise prüft man einzeln das gute Schließen der Druckventile. Bei angehobenem Saugventil wird bei etwaigem Verlust Durchblasen stattfinden, bei geschlossenem Saugventil würde sich der Pumpenzylinder füllen und ein Öffnen des Saugventils unmöglich machen.

Die Stopfbüchsendichtung des Pumpenkolbens ist gänzlich zu erneuern, sobald bei normalem Anziehen ein gutes Abdichten nicht mehr erzielt werden kann.

Altes und hart gewordenes Dichtungsmaterial muß herausgenommen werden, weil es rasche Abnützung des Pumpenkolbens verursacht.

Ist der Kolbon schon so weit abgenützt, daß ein dauerhaftes gutes Abdichten nicht mehr erzielt werden kann, so muß der Kolben durch einen neuen ersetzt werden.

Wird für die Verpackung Exzelsiorschnur oder ähnliches Material verwendet, so ist die Dichtungsschnur schräg abzuschneiden, und zwar so, daß nach Einführung des Ringes in die Stopfbüchse die beiden Enden gut schließen. Die Schnitte oder die Öffnungen der Dichtungsringe sollen immer um etwa 120° gegeneinander versetzt sein. Ist eine Bleispänedichtung vorgesehen, so wird genau so wie für die Brennstoffnadel angegeben, eingestampft.

Bei anderen Pumpenkonstruktionen ist eine Stopfbüchse überhaupt nicht vorhanden, sondern es ist für die sichere Abdichtung eine lange Führungshülse angeordnet, in die der Kolben ganz genau schließend eingeschliffen ist.

Nur durch gutes Dichthalten der Ventile und des Kolbens wird unregelmäßiges Arbeiten oder Versagen der Förderung einer Brennstoffpumpe vermieden. Zeitweises Versagen einer Pumpe führt bei Mehrzylindermotoren zu einer ungleichen Leistung der Arbeitszylinder und zur Verminderung der Leistung, was besonders bei voller Belastung große Nachteile mit sich bringt.

Man erspart sich sehr viel Arbeit sowie Kopfzerbrechen und verhindert frühzeitige Abnützung der Ventile und des Pumpenkolbens, wenn man bei Rohölbetrieb die vom Verfasser eingeführte Reinigung des Brennstoffes vornimmt.

Die Einstellung der Brennstoffpumpe hat stets von der Nullfüllung, das heißt von jener Stellung aus zu geschehen, bei der die Brennstoffzuführung für den Arbeitszylinder ganz aufzuhören hat. Zu diesem Zwecke öffnet man die Regulatorgewichte und legt ein oder zwei Holzstücke dazwischen, die den Regulator so geöffnet halten, daß die Regulatormuffe noch einige Millimeter unter der höchsten Stelle steht, also für den Regulator noch eine geringe, weitere Öffnungsmöglichkeit besteht.

Dann wird der Motor gedreht, bis bei der einzustellenden Brennstoffpumpe der Pumpenkolben die tiefste Stelle (Ende des Druckhubes) erreicht hat. In dieser Lage soll bei angestellter Pumpe das Reguliergestänge so eingestellt werden, daß der Regulierstift das Saugventil der Pumpe eben berührt, also zu öffnen beginnt.

Bei einem Mehrzylindermotor werden auf diese Weise alle Pumpen gleich eingestellt, wobei man natürlich bei jeder Pumpe die tiefste Kolbenstellung sucht und die Regulatorstellung immer gleich läßt.

Diese Einstellung oder Kontrolle ist notwendig, um Überschreiten der Umlaufzahl, das sogenannte Durchgehen der Maschine, zu verhindern.

Bei Maschinen, die schon länger im Betriebe sind, findet man häufig, daß sich durch das immerwährende Anstoßen des Regulierstiftes an das Pumpensaugventil, infolge der Abnützung an der Berührungsstelle des Stiftes, am Saugventil eine Vertiefung gebildet hat. Dieser Umstand führt dann zu Unregelmäßigkeiten und Störungen, weil im Betriebe der Stift nicht immer in der tiefsten Stelle ansetzt, sondern abwechselnd auf den Rand der Vertiefung drückt oder von dort abgleitet. Es ist deshalb darauf zu achten, durch rechtzeitiges Abfeilen oder Abschleifen wieder eine glatte und gerade Berührungsfläche herzustellen, so daß bei einer Verdrehung des Saugventils an jeder Stelle wieder dasselbe Spiel beobachtet werden kann.

Nach dieser Arbeit ist ein Einstellen der Brennstoffpumpen, wie vorher angegeben, unerläßlich.

Bei Pumpenkonstruktionen, bei denen der Kolbenhub durch eine Keilregulierung geändert wird, muß eine Schmierung des Keiles und der Führung vermieden werden. Sollte im Betriebe eine außergewöhnliche sprunghafte Bewegung des Keiles wahrgenommen werden, so ist Öl an die Gleitflächen des Keiles gekommen, das durch Abspritzen mit Petroleum entfernt werden muß.

Es empfiehlt sich immer, besonders auf leichte Beweglichkeit des Reguliergestänges und des Regulators zu achten und übermäßiges Spiel oder toten Gang zu vermeiden.

Um ein sicheres Arbeiten der Pumpe zu erzielen, muß die Luft aus dem Inneren vollständig entfernt werden. Dies wird am besten ausgeführt, indem man den Pumpenkolben in die tiefste Stellung bringt und dann bei abgeschraubter Druckleitung und herausgenommenen Druckventilen die Pumpe mit Gasöl füllt. Nachdem dann die Druckventile wieder eingesetzt sind, wird vor dem Aufschrauben der Druckleitung mit der Handpumpe versucht. Nach aufgeschraubter Druckleitung wird so lange gepumpt, bis am Probierhahn ein gleichmäßig starker Strahl Brennstoff, und zwar ohne Luftblasen, austritt. Beim Brennstoffvorpumpen für das Anlassen muß auf die Entfernung des

Brennstoffventils vom Probierhahn Rücksicht genommen werden. Befindet sich der Probierhahn am Brennstoffventil, so wird man höchstens ein oder zwei Pumpenstöße machen.

Sind bei einem Motor durch Vorpumpen längere Leitungen oder gar ungleich lange Leitungen zu füllen, so stellt man am besten die notwendigen Pumpenstöße in jedem Falle auf folgende Weise fest: Bei ausgebautem Auspuff und geöffnetem Brennstoffventil hält man die Hand unter die Düsenplatte, worauf ein Zweiter das Vorpumpen beginnt und zugleich die Pumpenstöße zählt. Sobald bei der Düse Brennstoff austritt, hat man die für das richtige Vorpumpen notwendigen Pumpenstöße ermittelt. Das Ergebnis merkt man sich für jeden Zylinder, um übermäßiges Vorpumpen vermeiden zu können.

Im allgemeinen wird immer zuviel vorgepumpt, was nicht nur zwecklos, sondern auch schädlich ist. Durch übermäßiges Vorpumpen werden besonders kleinere Motoren nicht sicherer, sondern viel schwerer anspringen. Bei großen Motoren führt es aber zu starken, überaus schädlichen Verbrennungsstößen. Außer einer starken Rußbildung und der damit verbundenen nachteiligen Verschmutzung verursacht übermäßiges Vorpumpen auch eine merkliche Überschreitung der Umlaufzahl, weil die vorgepumpte Brennstoffmenge nicht vom Regulator beeinflußt werden kann.

Es wird sehr häufig über Durchgehen der Motoren geklagt. Macht man die Probe, indem man den Motor von Vollast plötzlich ganz entlastet, so kann gewöhnlich tadelloses Funktionieren des Regulators festgestellt werden.

Aber nicht immer ist die Drehzahlüberschreitung beim Anlassen die Folge übermäßigen Vorpumpens.

Beim Abstellen der Maschine kann es aus verschiedenen Ursachen vorkommen, daß trotz geöffnetem Pumpensaugventil Brennstoff nach dem Brennstoffventil gefördert wird, sobald der Gegendruck der Einblaseluft fehlt. Deshalb soll das vielfach geübte Vorgehen, gleich nach dem Abstellen der Brennstoffpumpen auch die Einblaseluft abzusperren, aufgegeben werden. Will man aber in besonderen Fällen die Einblaseluft doch sofort absperren, so empfiehlt sich sofortige Öffnung des Probierhahns in der Brennstoffdruckleitung.

Brennstoff kann aber auch beim Anlassen in die Einblaseleitung sowie auch in das Einblasegefäß gelangen und somit nachher Durchgehen der Maschine verursachen, wenn ein Fehler im Anlaßventil vorhanden ist, der aber nur durch unrichtiges Anlassen nicht rechtzeitig entdeckt werden kann. Diesbezügliche Ausführungen findet der Leser an anderer Stelle.

Ist bei Brennstoffpumpen der Pumpenzylinder am Ende mit einer Verschraubung abgeschlossen, so muß auf zuverlässiges Dichthalten gesehen werden. Es ist schon vorgekommen, daß sich durch eine Undichtheit einer solchen Verschraubung ein Tanzen bzw. Springen des Regulators eingestellt hatte und daß man den Fehler überall suchte, nur nicht bei dieser Verschraubung.

Störungen an den Brennstoffpumpen können im allgemeinen nur durch schlecht gereinigten Brennstoff hervorgerufen werden.

Besonders bei Verwendung von dickflüssigen Brennstoffen ist eine gründliche Reinigung notwendig. Auch soll bei dickflüssigem Öl stets eine halbe Stunde vor dem Abstellen auf Gasöl umgestellt werden, um so ein gutes Durchspülen der Ventile und Leitungen zu erzielen.

Nach dem Anlassen soll der dickflüssige Brennstoff genügend vorgewärmt werden; die Belastung der Maschine darf nicht zu gering sein, wenn man mit diesem Brennstoff zu arbeiten beginnt. Plötzliches Anheizen der Leitung, wobei die Temperatur an einer Stelle sprunghaft steigt, ist unter allen Umständen zu vermeiden, weil dadurch im Brennstoff Schäumen und Vergasen hervorgerufen wird.

20. Kurbelzapfenlager.

Einmal monatlich sind beide Treibstangenschrauben auf Lockerung der Muttern zu untersuchen. Zu diesem Zwecke müssen die Sicherungen gegen das Verdrehen der Muttern gelöst werden, um die beiden Muttern gleichmäßig anzuziehen.

Um im Kurbelzapfenlager ein übermäßiges Spiel, das die Entfernung einer feinen Beilage notwendig macht, festzustellen, bedient man sich einer geeigneten Stange, mit der man unter das Lager oder unter eine Treibstangenschraube faßt und sodann durch öfteres Heben und Senken der ganzen Treibstange das Lagerspiel prüft.

(Bei dieser Gelegenheit soll auch das Spiel des Kolbenzapfenlagers untersucht werden, indem man die Kurbel in die untere Totpunktlage bringt und den Kolben ebenfalls durch einen Hebel, bei Verwendung eines geeigneten Zwischenstückes, bzw. Unterlage, abwechselnd hebt und senkt, während ein Zweiter gleichzeitig durch Befühlen des Treibstangenkopfes und der Kolbennabe das Spiel am besten wahrnehmen kann.)

Im Kurbelzapfenlager soll je nach der Größe 0,1 bis 0,2 mm Spiel bewahrt werden.

Es ist nicht tunlich, mit der Entfernung von Beilagen so lange zu warten, bis übermäßiges Spiel entsteht und sich durch starkes Klopfen bemerkbar macht. Bei Verringerung des Spiels achte man stets darauf, daß die Bleche nicht einseitig fortgenommen werden, das heißt, die Beilagen sollen auf beiden Seiten immer die gleiche Stärke aufweisen. Außerdem ist bei Treibstangen mit eingesetzten Lagerschalen darauf zu achten, daß die Blechbeilagen nicht über die Lagerschalen hinausstehen, und daß die Lagerschalen gegen Verdrehen gut gesichert sind.

Nach der Entfernung von Beilagen muß man wieder auf richtiges Spiel prüfen. Bei abgenützten oder unrunden Kurbelzapfen hat diese Prüfung auch in anderen Stellungen als nur im oberen Totpunkt zu geschehen.

Hat man das Spiel eines Kurbelzapfenlagers verkleinert, so ist nach der Inbetriebsetzung das Lager durch wiederholtes Befühlen zu beobachten.

Bei Zentrifugalschmierung ist auch der Ring zu reinigen, wobei weder Putzwolle noch faserige Lappen Verwendung finden dürfen. Auch soll bei dieser Reinigung die Kurbel im oberen Totpunkt bleiben, damit in das Schmierloch des Kurbelzapfens keine Verunreinigung gelangen kann.

21. Zylinderdeckel — Kühlraum.

Je nach der Wassersteinbildung ist der Kühlraum des Zylinderdeckels alle 2 bis 6 Monate gründlich zu reinigen.

Der Wasserstein soll soviel als möglich auf mechanische Art, durch Losstemmen und Auskratzen, sowie durch nachheriges gutes Ausspülen entfernt werden.

Zu diesem Zwecke baut man die vorhandenen Verschraubungen oder Deckel ab, welche die Reinigungsöffnungen zum Kühlraum abschließen.

Es ist sehr wichtig, im Kühlraum, besonders um den Sitz für das Auspuff- und Brennstoffventilgehäuse und um den Auspuffkanal herum eine gründliche Entfernung der Wassersteinkruste vorzunehmen.

Ist durch geeignete Werkzeuge eine Lossprengung und gründliche Entfernung des Wassersteins nicht möglich, so muß der Zylinderdeckel abgenommen werden, um den Stein durch Salzsäure auf folgende Weise zu lösen:

Um das Anrosten blanker Maschinenteile durch die Vergasung der Salzsäure zu verhindern, empfiehlt es sich, die Arbeit im Freien vorzunehmen.

Der Zylinderdeckel wird so aufgestellt, daß die größte und bequemste Einfüllöffnung nach oben zu stehen kommt. Alle anderen Öffnungen müssen verschlossen werden.

Um den Fassungsraum festzustellen, wird dieser zuerst mit einem Litergefäß mit Wasser gefüllt und hierauf wieder entleert.

Sodann wird die Mischung von Wasser und Salzsäure in dem Verhältnis wie 4 zu 1 hergestellt und in den Zylinderdeckel gefüllt.

Beträgt z. B. der Fassungsraum 15 Liter, so werden in ein geeignetes Gefäß 12 Liter reines Wasser gegeben und dann 3 Liter Salzsäure langsam zugeführt.

Diese Mischung wird vorsichtig in den Kühlraum des Zylinderdeckels eingefüllt und einige Stunden dort belassen.

Wenn sich die Flüssigkeit ganz beruhigt hat und eine Vergasung nicht mehr stattfindet, so hat auch die Zersetzung von Wasserstein durch die Säure aufgehört.

Der Zylinderdeckel ist dann zu entleeren und der Wasserstein durch Auskratzen und Ausspülen ganz zu entfernen. Ist eine vollkommene Entfernung nicht erfolgt, so wird eine zweite Lösung mit Salzsäure vorgenommen. Man kann dann, um eine stärkere Wirkung zu erzielen, zu drei Teilen Wasser einen Teil Salzsäure geben.

Sind in besonderen Fällen mehrere Lösungen für die gänzliche Zersetzung des vorhandenen Wassersteins notwendig, so ist nach jeder Entleerung des Kühlraumes auch der lösbare Wasserstein mit geeigneten Werkzeugen und durch Ausspülen zu entfernen.

Nach beendeter Reinigung sollte bei Anwendung von Salzsäure stets mit Sodalauge nachgespült werden.

Im allgemeinen soll der Kühlraum gereinigt werden, bevor noch die Stärke des Wassersteins 2 mm überschritten hat.

Es ist ein grober und sehr viel Schaden anrichtender Fehler, der zugleich auch die Arbeit für das Personal bedeutend vermehrt, wenn mit der Reinigung des Kühlraumes so lange gewartet wird, bis man durch die Umstände oder gar Betriebsstörungen dazu gezwungen wird.

Bei sehr vielen Anlagen kommt es vor, daß der Maschinist in viel kürzeren Zeitabschnitten zum Einschleifen der Auspuffventile gezwungen ist und sich auch Anbrennen oder Verziehen häufig ereignet, nur weil man den Wasserstein aus dem Kühlraum nicht rechtzeitig entfernt.

Es ist unrichtig, sich einzureden, daß eine genügende Kühlung des Motors vorhanden sein muß, solange der Kühlwasserabfluß die zulässige Temperatur nicht überschreitet, und erst dann eingreift, wenn der Übelstand durch stoßweises Austreten des Wassers oder durch Dampfbildung auf eine stellenweise Umlaufbehinderung durch Wasserstein hinweist.

Es darf nicht vergessen werden, daß die Wassersteinkruste, wenn auch noch so dünn, eine direkte Berührung des kühlenden Materials verhindert und daß der Wasserstein als schlechter Wärmeleiter eine Isolierung darstellt, die nicht nur die Kühlwirkung des Wassers stark verringert, sondern auch wegen der geringeren Erwärmung des Wassers unzulängliche Kühlung nicht vermuten läßt.

Die Folge einer fortschreitenden Wassersteinbildung ist, daß die ohnehin der größten Hitze ausgesetzten Teile an den empfindlichsten Punkten von der Bespülung und somit von der Kühlung ausgeschlossen werden, wodurch an diesen Stellen eine außergewöhnliche Temperatursteigerung stattfindet, die in erster Linie durch die örtliche Ausdehnung eine Deformierung verursacht und dann nach und nach die Elastizität und den Widerstand des Materials ganz überwindet, um so zum Springen des Zylinderdeckels zu führen.

Die übergroße Mehrzahl der Zylinderdeckelsprünge wird durch derart ungewöhnlich hohe Temperaturen hervorgerufen.

Um die Bildung des Wassersteins am Boden des Zylinderdeckels soviel als möglich zu verhüten, muß die Kühlung nach erfolgtem Stillsetzen der Maschine noch 10 bis 15 Minuten andauern. Auch muß beim Anlassen des Motors der Kühlwassereintritt eine kurze Zeit ganz geöffnet werden, damit durch den großen Druck der Wasserstrahl im Zylinderdeckel eine gute Aufwirbelung und Durchspülung des am Boden abgelagerten Schmutzes bewirkt.

Die Beimengungen werden durch das längere Abstehen des Wassers im warmen Zustande, wie das bei jedem Stillstand der Maschine vorkommt, durch die Läuterung oder Klärung des Wassers am Boden des Zylinderdeckels abgelagert. Das Liegenbleiben oder Anbrennen dieser Ablagerungen wird durch das eben geschilderte Vorgehen am wirksamsten bekämpft.

Bei größeren Anlagen wird bei starker Wassersteinbildung eine Enthärtung oder chemische Reinigung des Wassers stets von Vorteil sein.

Sonst bleibt als Mittel zur Verminderung von Wassersteinbildung nur bessere Kühlung, denn die Ausscheidung und somit die Steinbildung vermehrt sich mit der Zunahme der Temperatur des Wassers.

Es empfiehlt sich, bei Verwendung von schlechtem Wasser die Ablauftemperatur nicht über 40^{0} ansteigen zu lassen.

Die Besprechung der an gesprungenen Zylinderdeckeln auszuführenden Reparaturen findet der Leser an anderer Stelle.

Ist die Zylinderdeckeldichtung auszuwechseln, so darf nur solche von gleicher Stärke verwendet werden, weil sonst der Kompressionsraum verändert würde.

Bei Auswechslung von Klingerit oder Asbestdichtungen müssen von der Dichtungsfläche sowohl am Zylinderdeckel, wie auch in der Nute der Zylinderbüchse, alle alten Anhaftungen durch Abschaben entfernt werden.

Klingerit- und Asbestdichtungen werden durch Bestreichen mit Graphit vor dem Anbrennen geschützt.

Beim Anziehen der Zylinderdeckelschrauben achte man darauf, daß Verspannen durch ungleichmäßiges Anziehen der Muttern vermieden wird.

22. Kolben, Kolbenringe, Kolbenzapfen und Kurbellager.

Der Kolben sollte jedes Jahr einmal ausgebaut werden, um die Verbrennungsrückstände sowie angebranntes Öl von allen in Betracht kommenden Teilen zu entfernen, das Kolbenbolzenlager zu reinigen und auf geeignetes Spiel zusammenzupassen.

Bevor der Zylinderdeckel abgenommen wird, kontrolliere man den Spielraum zwischen Deckel und Kolben durch Zusammenpressen eines geeigneten Bleistückes, um eventuell beim Zusammenbau, je nach der Konstruktion der Treibstange, unter das Kolbenzapfenlager oder zwischen Kurbellager und Treibstange ein Zwischenblech beizufügen, damit wieder ein normaler Spielraum und die ursprüngliche Kompression erzielt wird.

Sobald der Zylinderdeckel abgenommen ist, werden die Verbrennungsrückstände an der Wand der Zylinderbüchse gut abeschabt und entfernt.

Ist durch die Kolbenringe schon eine Abnützung verursacht worden, so daß man an der höchsten Laufstelle eine kleine Vertiefung an der Zylinderwand verspürt, so soll zum Ausbau des Kolbens die betreffende Stelle gut eingefettet werden, damit die Kolbenringe nicht hängenbleiben.

Bevor zum Kolbenausbau weitere Vorbereitungen getroffen werden, überzeuge man sich, ob der Kolben im Zylinder ganz gerade steht und ob das Spiel zwischen Kolben und Zylinderwandung überall dasselbe ist.

Im Falle, daß Schiefstehen des Kolbens beobachtet wird, muß man sich die Richtung, nach der sich der Kolben neigt, merken, um dann beim Nachpassen der Lager einen sicheren Anhaltspunkt zu haben.

Steht der Kolben zwar gerade, zeigt sich aber das ganze Spiel zwischen Kolben und Zylinderwand immer nur auf einer Seite, so ist sowohl das Kurbellager wie auch das Kolbenzapfenlager etwas aus der Wage, aber in entgegengesetzter Richtung, weshalb durch die Ausgleichung der Kolben wieder in die senkrechte Lage zu stehen kommt. Solche Kolben klopfen, und das Klopfen nimmt mit der Belastung zu.

Werden vom Kolben aus Zylinderschmierpumpen oder Indikatorgestänge angetrieben, so vergesse man nicht, die betreffenden Teile abzunehmen.

Es werden sodann die Muttern der Treibstangenschrauben etwas gelockert, die Kurbel genau in die obere Totpunktlage gebracht, hernach das untere Kurbellager, wenn nötig, unterbaut und schließlich die Muttern der Treibstangenschrauben ganz entfernt.

Das Hochziehen des Kolbens soll zu Beginn vorsichtig und unter Beobachtung oder stetiger Bewegung der Treibstange geschehen, damit ein eventuelles Klemmen der Treibstangenschrauben vermieden wird.

Ist der Kolben ausgebaut, so wird die Treibstange durch zwei geeignete Holzstücke im Kolben gesichert, damit beim Umlegen ein Kippen des Kolbens oder der Treibstange ausgeschlossen ist.

Werden die Kolbenringe nicht abgenommen, so ist beim Umlegen des Kolbens und bei den Reinigungsarbeiten darauf zu achten, daß eine Verletzung der Ringe nicht vorkommt. Sind die Ringe festgebrannt, so werden sie mit Petroleum und durch vorsichtiges Klopfen mit einem Holzhammer gelöst.

Zum Ab- oder Aufstreifen der Kolbenringe verwendet man am besten vier dünne Stahlblechstreifen, die zwischen Kolben und Ringe so verteilt anzubringen sind, daß die Ringe an keiner Stelle in eine Nut eintreten können.

Man sollte nie nur deshalb neue Kolbenringe einbauen, weil man annimmt, der Motor würde mit neuen Ringen besser durchziehen. Vielmehr sind die Kolbenringe nur dann auszuwechseln, wenn sie die Spannung verloren haben oder abgenützt sind. Das erstere kann man sofort erkennen, wenn der in der Kolbenringnute leicht bewegliche Ring sich im Schlitz oder Treppenstoß gar nicht oder doch nur sehr wenig öffnet.

Um festzustellen, ob ein Kolbenring wegen Abnützung ausgewechselt werden muß, bringt man den Ring in horizontaler Lage an die ausgelaufenste Stelle in der Zylinderbüchse. Sollten die Enden des Treppenstoßes sich nicht mehr kreuzen oder schon eine kleine Entfernung voneinander aufweisen, so muß der Ring wegen Abnützung durch einen neuen ersetzt werden.

Jeder neue Kolbenring muß ebenfalls in die Zylinderbüchse eingepaßt werden, um je nach dem Durchmesser 1 bis 3 mm Ausdehnungsspiel im Treppenstoß durch Abfeilen herzustellen.

Im Betriebe besteht innerhalb der Kolbenringe ein großer Temperaturunterschied, dem man am besten dadurch Rechnung trägt, daß man z. B. den obersten Ring mit einem Spiel von 2 mm beläßt und dann das Spiel bis zum untersten Ring allmählich auf etwa 1 mm verringert. Kolbenringe, die zu wenig Spiel haben, werden sehr stark an die Zylinderwand angepreßt und zerbrechen sehr häufig durch den großen Druck. Ob Kolbenringe mit zu geringem Spiel gearbeitet haben, erkennt man an den Stirnflächen des Treppenstoßes.

Kolbenringe können die Spannung verlieren, wenn sie aus ungeeignetem Material verfertigt sind oder wenn sie zu hohen Temperaturen ausgesetzt waren.

Das Festbrennen und die rasche Abnützung der Ringe ist auf ungeeignetes Öl, unreine Verbrennung oder zu heißes Arbeiten zurückzuführen.

Um ein Verdunsten des Schmieröls zwischen Kolben und Zylinder und somit auch das Festbrennen der Ringe zu vermeiden, lasse man stets nach dem Abstellen der Maschine das Kühlwasser noch 10 bis 15 Minuten umlaufen.

Vor dem Herausschlagen des Kolbenzapfens vergesse man nicht, Keile oder Schrauben, die den Zapfen sichern, ganz zu entfernen.

Der Zapfen soll nur mit einem Blei- bzw. Kupferhammer oder mit einem Aufsatz aus Kupfer oder Hartholz usw. herausgeschlagen werden.

Nach dem Ausbau des Zapfens und der Treibstange wird der Kolben einer gründlichen Reinigung unterzogen, wobei außen und innen absolut jedwede Anhaftung von Verbrennungsrückständen oder verbranntem Schmieröl entfernt werden muß.

Auch in den Kolbenringnuten und am Boden im Innern des Kolbens befindliche Krusten müssen abgestemmt oder ausgekratzt werden.

Ist ein auswechselbarer Kolbenboden vorhanden, so wird derselbe abgenommen, gereinigt und gut aufgeschliffen.

Zeigt der Kolben in der Nähe der höchsten Stelle, daß schon ein Anlaufen oder eine Reibung in der Zylinderbüchse stattgefunden hat, so ist der Kolben an dieser Stelle abzufeilen oder kleiner zu drehen. Ausgenommen, die Reibung ist durch ein Schiefstehen des Kolbens verursacht worden.

Um Deformierungen oder Kolbenspringen soviel als möglich zu vermeiden, ist in erster Linie eine gute Kühlung notwendig.

Auch kann durch starke Überlastung oder nach einem Stillsetzen und sofortigen Wiederanlassen ein Verziehen oder Springen des Kolbens vorkommen. Im letzteren Falle, weil die kalte Anlaßluft eine plötzliche und ungleichmäßige Abkühlung des heißen Kolbenbodens verursacht.

Die gründliche Behebung und Verhinderung des Kolbenfressens wird an anderer Stelle ausführlich behandelt.

Bei gekühltem Kolben ist auf peinlichste Reinhaltung des Kühlraumes, sowie der Zu- und Ableitung Sorge zu tragen. Um das Eindringen von Fremdkörpern zu verhindern, sollen die vorhandenen Filter oder feinen Metallsiebe so angebracht sein, daß sie auch während des Betriebes ausgewechselt oder gereinigt werden können. Die Ablauftemperatur soll 45° nicht übersteigen.

Bei Wasserkühlung ist noch besonders darauf zu achten, daß bei vorkommenden Undichtheiten das abspritzende Kühlwasser nicht zum Schmieröl gelangt, weil dadurch das Öl „verseift“ wird.

Hatte der Kolben gerade und mit gut verteiltem Spiel gearbeitet und befinden sich die Lager in gutem Zustande, so sind diese nur auf richtiges Spiel zusammenzupassen. Es ist, je nach dem Durchmesser der Zapfen, ein Spiel von 0,05 bis 0,2 mm erforderlich.

Bei Kolbenzapfenlagern, wo keine feinen Paßbleche für die Verringerung des Spiels vorgesehen sind, muß das vorhandene Zwischenstück oder, in Ermangelung dessen, die obere Lagerschale genau gerade abgefeilt werden.

Je nach der Konstruktion der Treibstange muß dann die verringerte Höhe des Lagers durch eine passende Beilage zwischen Lager und Treibstange wieder ausgeglichen werden.

Wurden die Lagerschalen nachgeschabt, so ist eine Kontrolle zur Feststellung, ob die Treibstange genau senkrecht, bzw. ob die beiden Lager genau parallel liegen, angebracht.

Diese Kontrolle wird am besten ausgeführt, indem man die Treibstange ohne Lagerspiel so am Kurbelzapfen befestigt, daß der obere Teil der Treibstange in das Zentrum des Zylinders zu stehen kommt. In dieser Stellung muß dann der Treibstangenkopf oder das Lager, nach der Zapfenrichtung, genau in der Mitte des Zylinders sein. Eine Kontrolle ohne Kolbenzapfenlager muß auch ergeben, daß sich der Lagersitz in der Treibstange in Wasserwage befindet.

Kommt bei dieser Probe das Kolbenzapfenlager merklich außer dem Mittel, so ist durch entsprechendes Nachschaben des Kurbellagers die richtige Stellung zu erreichen.

Es ist ein Fehler, dauernde Geradstellung der Treibstange dadurch erzielen zu wollen, daß man auf einer Seite zwischen Kurbellager und Treibstange schmale Blechstreifen einlegt.

Beim Nachschaben der Kurbellager ist zu beachten, daß die Lager in den Hohlkehlen des Kurbelzapfens nicht anliegen.

Das Kolbenzapfenlager wird schon beim Einschaben auf den genau in Wasserwage vorgerichteten Zapfen aufgepaßt und dabei nachgesehen, ob die äußere Fläche der Lagerschale auch genau parallel mit dem Kolbenzapfen steht.

Bei eingebauter Treibstange kann die genaue Stellung zum Kolben auf verschiedene Art festgestellt werden. Man kann sowohl am Kolben ein langes Lineal anlegen und die Entfernung zur Treibstange an jeder Seite abmessen, wie auch eine Schnur mit Senkblei in genau senkrechter Stellung am Kolben anliegen lassen und die Messung nach der Treibstange ausführen, oder man stellt den einen Teil nach der Zapfenrichtung in Wasserwage und kontrolliert den anderen Teil auf die notwendige Parallelstellung.

Beim Einbau von Kolbenzapfen mit konischen Sitzen achte man genau darauf, daß an die Kegel kein Öl kommt, weil sonst eine Lockerung im Betriebe eintreten würde.

Zwecks Vorbeugung einer eventuellen Deformierung des Kolbens, die leicht beim Einschlagen oder Einziehen des Kolbenzapfens verursacht werden kann, sollte man stets nach dem Einbau des Zapfens einen leichten Schlag von der Gegenseite ausführen.

Vor dem Einbau des Kolbens muß die Zylinderbüchse gründlich von festgebranntem Öl gereinigt werden; die Schmierlöcher der Zylinderbüchse sowie die Ölzuführungen und Anschlußstücke sind vollkommen von Schmutz oder Krusten zu reinigen.

Ein Aufreiben oder Vergrößern der Eintrittsschmierlöcher darf auf keinen Fall stattfinden, weil sonst schlechte Ölverteilung und somit Gefährdung der guten Schmierung eintreten würde.

Nach der Reinigung wird mit den Pumpen für die Zylinder- und Kolbenzapfenlagerschmierung zuerst etwas Petroleum und dann

Schmieröl durchgepumpt. Dabei ist darauf zu achten, daß das Öl gut verteilt wird und durch jedes Loch Öl in den Zylinder eintritt.

Der Zylinder wird dann eingeölt und ebenso der Kolben, wobei es nicht auf die Menge, sondern auf die gute Verteilung des Öles über die ganze Fläche ankommt. Auch die Kolbenringe müssen eingefettet werden. Das Kolbenzapfenlager wird mit einer Ölspritze durch die betreffende Zuführung geschmiert.

Beim Einbau muß darauf gesehen werden, daß sich die Kolbenringe nicht an den Sicherungen gegen das Verdrehen der Ringe klemmen. Sind Sicherungen gegen das Verdrehen nicht vorhanden, so sollen die Öffnungen aller Kolbenringe auf den Umfang gleich verteilt werden.

Ist für das Schließen der Kolbenringe ein konischer Einführungsring nicht vorhanden, so wird mit Vorteil ein leicht anzufertigender Spannreifen aus 10 mm Rundeisen, wie in Abb. 19 dargestellt, angewandt. Mit diesem federnden Reifen wird jeder Kolbenring zum Eintritt in den Zylinder zusammengespannt, wobei auch das genaue Zusammenpassen mit der Kolbenringsicherung leicht beobachtet werden kann.

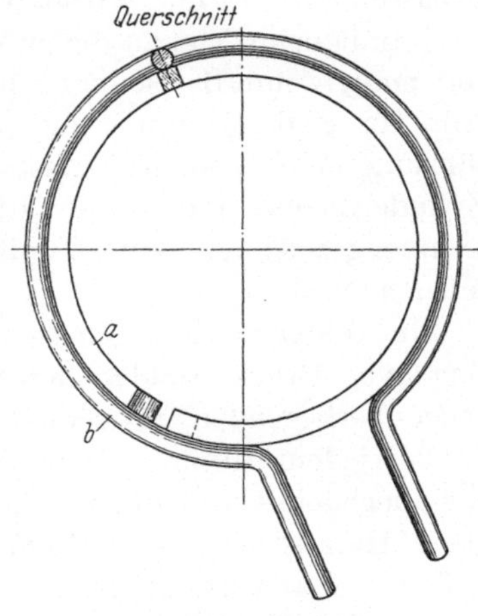

Abb. 19. Kolbenringschließer. *a* Kolbenring, *b* Schließer.

Die Treibstangenschrauben sind gleichmäßig und gleich stark, jedoch nicht übermäßig anzuziehen, das Lager ist mit einem Schraubenzieher auf Beweglichkeit zu prüfen.

Nach dieser Arbeit entferne man alle für die Drehung des Motors störende Teile, um dann mit dem Schaltwerk 1 bis 2 Umdrehungen auszuführen. Zwischen Kolben und Zylinderwand soll überall gleichviel Spiel vorhanden sein, was am besten mit geeigneten Fühllehren nachkontrolliert wird. Zur genauen Einstellung eines Kolbens empfiehlt sich die Verwendung langer aber schmaler Fühllehren von 0,05, 0,1, 0,2, 0,3, 0,4 und 0,5 mm Stärke.

Im allgemeinen wird auf die gerade Einstellung des Kolbens und auf gleichmäßiges Spiel viel zuwenig Rücksicht genommen, wodurch natürlich bestenfalls Reibungsverluste, schlechte Ölverteilung und Mehrverbrauch an Schmieröl eintreten muß.

Über das Aufsetzen des Zylinderdeckels wurden im vorigen Abschnitt die notwendigen Ausführungen gemacht. Man vergesse nicht, das Spiel für die Ventile zwischen Hebelrollen und Steuerscheiben nachzusehen.

23. Zylinderbüchse.

Die Zylinderbüchse sollte alle 3 Jahre herausgenommen, der Wasserstein abgeklopft oder abgestemmt und aller Schlamm, auch der aus dem Ständer, entfernt werden.

Die Zylinderbüchse soll natürlich zeitlich mit dem alljährlich vorzunehmenden Ausbau des Kolbens herausgenommen werden.

Mit Rücksicht auf eine leichtere Lösung sowohl der Zylinderbüchse als auch der festgeschraubten Ölzuführungen oder Indikatorverschraubungen empfiehlt sich, nach Entfernung des Wassers und Verschließen der Eintrittsöffnung am Ständer, den Kühlraum für die Zylinderbüchse mit Gasöl oder besser mit Petroleum zu füllen und dieses so lange als möglich wirken zu lassen. Das Petroleum wird natürlich nach dem Ablassen filtriert und wieder verwendet.

Damit beim Einbau die einzelnen Stücke nicht verwechselt werden, soll man, wenn Bezeichnungen nicht vorhanden sind, bei jedem Eintritt für Zylinderschmierung, am Ständer, Anschlußstück und Ölzuführung eine besondere Zusammenzeichnung vornehmen. Auch die Zylinderbüchse muß an der oberen Fläche mit dem Ständer gut zusammengezeichnet sein, damit beim Einbau eine Verdrehung vermieden wird.

Um die Ölzuführungen zu lockern, vermeide man einen einseitigen Zug oder Druck, sondern suche stets die gleiche Kraft auch an der gegenüberliegenden Seite des Schlüssels auszuüben.

Bei jedem Motor soll eine geeignete Vorrichtung zum Ausbau der Zylinderbüchse vorhanden sein oder von der Fabrik verlangt werden. Beim Herausziehen oder Herauspressen muß darauf gesehen werden, daß die Kraftwirkung genau senkrecht erfolgt. Ein schiefes oder zu starkes Drücken mit einer hydraulischen Presse kann große Beschädigungen verursachen.

Gerade die Unterlassung des periodischen Ausbaues führt dazu, daß dann mit gewöhnlichen Mitteln die Zylinderbüchse nicht mehr herauszubringen ist. Wird in einem solchen Falle eine größere Schicht Wasserstein festgestellt, so ist an der höchsten Stelle des Kühlraumes der stärkste Steinansatz vorhanden, der noch dazu zwischen Ständer und Büchse eine feste Verbindung und so einen außergewöhnlichen Widerstand gegen die Trennung der beiden Teile bildet. Es ist dann am vorteilhaftesten, den Ständer abzubauen und umgekehrt auf den Boden zu stellen, um dann nacheinander mit geringen Salzsäurelösungen (1 Teil Salzsäure, 4 Teile Wasser) den Stein an dieser Stelle zu zersetzen oder zu erweichen. Auf diese Weise wird natürlich nicht der ganze Kühlraum gefüllt; es genügt, wenn die Lösung im Ständer die Höhe von rd. 10 cm erreicht. Im Ständer vorhandene Schaulöcher werden geöffnet und ebenfalls zum Einfüllen der Salzsäurelösung benützt.

Nach genügender Zersetzung und Entfernung des Wassersteins soll man etwas Petroleum einführen. Der Ständer wird dann aufgebaut und die Büchse herausgezogen. Bei Büchsen, die auch dann noch nicht gelockert werden können, muß der Ständer durch Einführung von Heißwasser oder Dampf allmählich auf etwa 50^0 erwärmt werden, worauf man die Zylinderbüchse mit kaltem Wasser füllt. Zu diesem Zwecke ist die Büchse schon vorher unten wasserdicht abzuschließen; auch die Schmierlöcher sind gut zu verstopfen. Während dem Einfüllen des kalten Wassers muß die Ausziehvorrichtung oder die hydraulische Presse unter voller Spannung sein. Ein gut angebrachter Hammerschlag am Aufsatzstück, unter der Zylinderbüchse, kann nach der Füllung zur Lossprengung sehr viel beitragen.

Beim Herausziehen der Büchse soll man, bevor der obere Flausch ganz aus dem Ständer heraustritt und bevor eine Verdrehung der Büchse stattfindet, noch einmal ein übereinstimmendes Zeichen am Ständer und — ganz nahe daran — auch an der Außenseite des Büchsenflausches anbringen. Dies ist für die genaue Einstellung beim Zusammenbau von ungleich größerem Vorteil als eine Bezeichnung nur an der Oberfläche der Büchse.

Sobald man die Büchse mit dem Flaschenzug hochzuziehen beginnt, muß durch geeignete Unterlagen verhindert werden, daß der abfallende Schmutz und Schlamm in die Kurbelwanne gelangt.

An der Zylinderbüchse ist jeder Wassersteinansatz durch geeignete Hämmer oder Meißel zu entfernen; auch im Ständer muß eine vollkommene Reinigung einschließlich der Bohrungen für die Zylinderbüchse vorgenommen werden.

Ist für die obere Abdichtung Asbest, Klingerit oder Vas-Black vorhanden gewesen, so muß die Dichtungsfläche der Büchse und auch des Ständers gewissenhaft von allen Anhaftungen der alten Dichtung gereinigt werden. Eine neue anzufertigende Dichtung muß aber in jedem Falle ganz genau die Stärke der alten Dichtung haben.

Alle in der Zylinderbüchse vorhandenen Löcher und die dazu gehörigen Verschraubungen sind gut zu reinigen.

Beim Einbau muß der untere Führungsteil im Ständer, aber auch der Gummidichtungsring, eingefettet werden. Von der Baufirma gelieferte Gummiringe ohne Ende sollen natürlich stets als Reserve vorrätig sein. Ist ein neuer Gummiring notwendig und eine Reserve dafür nicht vorhanden, so wird ein Gummiring von derselben Stärke auf die genaue Länge abgeschnitten, die Enden dann 20 bis 30 mm abgeschrägt, übereinandergelegt und geklebt, oder mit Zwirn gut zusammengebunden.

Die Zylinderbüchse darf beim Einbau nicht zu stramm gehen, sondern soll durch das eigene Gewicht hineingleiten. Steckt oder klemmt die Büchse, so sind durch Bestreichen mit Minium die zu stark anliegenden Stellen zu suchen, um dann abzufeilen oder abzuschaben.

Bezüglich Reinigung und Einbau des Kolbens sowie des Zylinderdeckels ist in den vorhergehenden Punkten alles Wissenswerte angegeben.

Weitere Ausführungen, die Zylinderbüchsen betreffend, sind auch bei Besprechung von Kolbenfressen und unter „Reparaturen" zu finden.

24. Geeignete Verwendung der Dichtungs- und Packungsstoffe.

Dichtungen.

Eine zuverlässige Dichtung wird auch ohne Hilfsmittel erzielt, indem man die beiden abzudichtenden Flächen durch Aufschleifen genau zusammenpaßt. Wenn eine Undichtheit entsteht, sind die Flächen neuerdings aufzuschleifen. Es empfiehlt sich in diesem Falle nicht, den Fehler durch Zwischenlegen einer Dichtungsscheibe zu beheben, wenn die Selbstdichtung der Flächen von der Baufirma vorgesehen ist.

Bei Verwendung von Dichtungsstoffen ist Dauerhaftigkeit nur möglich, wenn die abzudichtenden Flächen keine Unebenheiten aufweisen und gut zueinander passen. Ist an einer Dichtungsstelle häufig Leckwerden oder Durchschlagen vorgekommen, so sind die Dichtungsflächen zu reinigen und u. U. aufzuschleifen. Harte Kupferdichtungen sind auszuglühen.

Klingerit und Asbest bestreicht man mit Graphit, um das Zerreißen der Dichtungen beim Ausbau zu verhindern.

Verwendung an:	Stoffe:
Zylinderbüchse oben	Kupferblech, Klingerit $^1/_2$ mm,
Zylinderbüchse unten	Runder Gummiring 8 bis 10 mm,
Reinigungsöffnungen am Zylinder und Deckel	Gummi mit Einlage oder Klingerit 2 mm,
Zylinderdeckel	Kupferblech oder Klingerit $^1/_2$ bis 1 mm,
Kompressorzylinderdeckel . .	Kupfer, Fiber, Klingerit $^1/_2$ bis 1 mm,
Motorenventilgehäuse	Flachkupferringe mit Asbesteinlage,
Kompressorventilgehäuse unten aufgeschliffen	
Kompressorventilgehäuse oben	Klingerit, Kupfer $^1/_2$ bis 1 mm, Sonderkupferringe,
Schmierölleitungen	Kupfer oder Fiber $^1/_2$ bis 1 mm,
Rohölleitungen.	Klingerit, Fiber, Kupfer 1 mm,
Druckluftleitungen	Klingerit 1 mm,
Druckluftgefäße	Klingerit 1 mm,
Kühlwasserleitung heiß . . .	Klingerit 1 bis 2 mm.
Kühlwasserleitung kalt . . .	Leder oder Klingerit,
Auspuffleitung	Asbest 2 bis 3 mm,

Stopfbüchsenpackungen.

Brennstoffnadel	Bleispäne oder Sonderpackung der Baufirma,
Brennstoffpumpe	Exzelsiorschnur von genau passender Stärke,
Druckluftabsperrventil	Baumwollschnur in Unschlitt getränkt,
Wasserpumpen	Baumwollschnur in Unschlitt getränkt$_1$
Auspuffrohrstopfbüchse . . .	Asbestschnur von entsprechender Stärke.

IV. Kurze Hinweise auf Mängel, die meistens durch die Nichtausführung der notwendigen Instandhaltungsarbeiten entstehen.

1. Der Motor springt nicht an:

1. Die Anlaßgeschwindigkeit ist ungenügend, weil im Motor zuviel Reibungswiderstand vorhanden, oder die Maschine ist belastet.
2. Der Druck der Anlaßluft ist zu niedrig.
3. Das Anlaßventil ist undicht oder bleibt hängen.
4. Die Brennstoffpumpe fördert nicht, weil unrichtig eingestellt.
5. Man hat die Brennstoffpumpe nicht gut genug entlüftet, oder es wurde nicht genügend Brennstoff vorgepumpt.
6. Die Brennstoffventile schließen nicht gut, weshalb die Pumpe den Einblasedruck nicht überwindet.
7. Der Brennstoff enthält Wasser.
8. Der Brennstoff ist zu zähflüssig oder zum Anlassen ungeeignet, und es wurde beim Abstellen vergessen, auf Gasöl umzuschalten.
9. Der Motor komprimiert ungenügend, weil ein Ventil oder ein Ventilgehäusesitz undicht geworden ist.
10. Ein Ventil bleibt hängen.
11. Es entweicht Luft, weil der Kolben gesprungen ist oder die Ringe nicht mehr schließen.
12. Die Kolbenringe sind festgebrannt, weil zu heiß gearbeitet oder das Kühlwasser zu früh geschlossen wurde.
13. Der Einblasedruck ist zu niedrig.
14. Die Einblaseluft bringt Kondenswasser mit in den Zylinder.
15. Die Düsenplatte oder Zerstäuberringe sind verstopft.
16. Die Brennstoffnadel bleibt hängen.
17. Die Brennstoffnadel ist undicht.
18. Die Brennstoffnadel schließt nicht, weil kein Spiel vorhanden ist.
19. Auf dem Kolbenboden befindet sich viel Wasser, Schmieröl oder Brennstoff.
20. Durch einen Sprung im Zylinderdeckel entweicht Luft oder es tritt Wasser in den Zylinder.

2. Der Motor stößt beim Anlassen:

1. Die Anlaßgeschwindigkeit ist ungenügend.
2. Das Anlaßventil ist undicht.
3. Es befindet sich viel Brennstoff im Zylinder.
4. Die Brennstoffnadel ist undicht oder bleibt hängen.
5. Es wurde zuviel Brennstoff vorgepumpt oder es befindet sich Brennstoff in der Einblaseleitung.

6. Der Einblasedruck ist zu hoch.
7. Die Düsenöffnung ist zu groß.
8. Die Brennstoffnadel öffnet zu früh.

3. Der Motor arbeitet mit schmutzigem Auspuff:

1. Wegen Überlastung.
2. Der Einblasedruck ist zu niedrig.
3. Die Kompression des Zylinders ist nicht genügend hoch.
4. Der Brennstoff wird schlecht zerstäubt.
5. Der Brennstoff ist zu dickflüssig.
6. Die Zündung erfolgt zu spät.
7. Die Nadel öffnet zu wenig.
8. Die Düsenplatte oder die Zerstäuberringe sind verschmutzt.
9. Die Brennstoffnadel ist undicht.
10. Die Zylinder sind nicht auf gleiche Leistung eingestellt.
11. Durch Verschmutzung der Saugschlitze kann nicht genügend Luft in den Zylinder gelangen.
12. Durch zu großen Widerstand in der Auspuffleitung bleiben verbrannte Gase im Zylinder zurück.

4. Der Motor pufft weißen Rauch aus:

1. Im Auspufftopf befindet sich Kondenswasser.
2. Durch einen Sprung im Zylinderdeckel tritt Wasser ein.
3. Der Motor arbeitet zu heiß.
4. Es wird viel Schmieröl verbrannt.
5. Der Brennstoff ist wasserhaltig.
6. Es besteht große Luftfeuchtigkeit.
7. Es wird zu selten Kondenswasser abgelassen.
8. Das Entwässerungsrohr im Einblasegefäß oder das Rohr für den Lufteintritt kann verletzt oder abgebrochen sein.
9. Der Motor macht Aussetzer.

5. Der Motor läuft unregelmäßig:

1. Der Regulator bleibt hängen.
2. Das Regulier- oder Pumpengestänge klemmt.
3. Ein Zylinder komprimiert unregelmäßig.
4. Regelwidrige Brennraumhöhe in einem der Zylinder.
5. Die Brennstoffverteilung ist ungleich.
6. Der Einblasedruck ist zu hoch.
7. Eine Brennstoffpumpe ist undicht.
8. Die Bohrungen der Düsenplatten sind zu groß oder ungleich.
9. Eine Brennstoffnadel ist undicht.
10. Ungleiches Spiel unter den Brennstoffnadeln.

11. Im Reguliergestänge besteht zu viel toter Gang.
12. Die Schraubenräder haben zu viel Spiel.
13. Ein Schraubenrad oder eine Steuerscheibe hat sich gelockert.
14. Der Brennstoff enthält Wasser.
15. Zuviel oder ungleiche Vorzündung.
16. In der Ölbremse ist die Öffnung für den Ölumlauf nicht richtig eingestellt, oder das Öl ist zu dünnflüssig.

6. Verbrennungsstöße während des Betriebes:

1. Überlastung.
2. Die Umlaufzahl ist zurückgegangen.
3. Die Zündung erfolgt zu früh oder zu spät.
4. Der Motor arbeitet zu heiß.
5. Der Einblasedruck ist zu hoch.
6. Das Brennstoffventil ist undicht.
7. Die Brennstoffnadel schließt zu träge oder bleibt hängen.
8. Die Bohrung in der Düsenplatte ist zu groß.
9. Die Einblaseluft ist zu tief gesunken.
10. Ein Ventil bleibt hängen oder wird vorübergehend undicht.

7. Zurückblasen durch das Saugrohr:

1. Das Anlaßventil ist undicht (beim Anlassen).
2. Das Saugventil ist undicht oder bleibt hängen.
3. Die Feder des Saugventils ist gebrochen.
4. Das Brennstoffventil ist undicht.
5. Die Kolbenringe sind festgebrannt.
6. Großer Widerstand in der Auspuffleitung.
7. Zu viel Spiel beim Auspuffventil.
8. Das Auspuffventil schließt zu früh, weil die Steuerscheibe an der betreffenden Stelle sehr abgenützt ist.

8. Klopfen im Triebwerk des Motors:

1. Der Kolben hat zu viel Spiel.
2. Der Kolben läuft zu trocken, weshalb beim Richtungswechsel Lagerklopfen auftritt.
3. Der Kolben oder die Zylinderbüchse ist deformiert, wodurch eine Klemmung verursacht wird.
4. Der Kolben steht schief, weil das Kolben- oder Kurbelzapfenlager nicht parallel oder außer Wage ist.
5. Der Kolbenzapfen hat sich gelockert.
6. Ein Lager beginnt heiß zu laufen.
7. Zu großes Spiel im Kolben- oder Kurbelzapfenlager.

8. Oberhalb der Kolbenringe wird durch die starke Ausdehnung des Kolbens dieser an die Zylinderwandung gepreßt.

9. Der Kolben steht gerade, drückt aber immer nur an eine Seite des Zylinders.

10. Das Lager im Treibstangenkopf ist lose geworden.

11. Ein Gegengewicht hat sich gelockert.

12. Die Schraubenräder haben viel Spiel oder sind sehr abgenützt.

13. Ein Schraubenrad oder eine Steuerscheibe hat sich gelockert.

14. Die Steuerwelle hat zu viel seitliches Spiel, weil das Paßlager abgenützt ist.

15. Die Kurbelwelle hat zu viel seitliches Spiel, weil das Paßlager abgenützt ist.

16. Ein Keil oder Splint hat sich gelockert oder ist abgenützt.

17. Die Muttern der Treibstangenschrauben sind lose geworden.

18. Der auswechselbare Kolbenboden oder die Brennplatte hat sich gelockert.

19. Zu großes Spiel zwischen Steuerscheiben und Hebelrollen.

20. Der Kolben beginnt zu fressen.

21. Die Kurbelwelle hat einen Sprung.

9. Klopfen im Kompressor:

1. Zu kleiner Kompressionsraum.

2. Das Kolben- oder Kurbelzapfenlager hat zu viel Spiel.

3. Die Muttern der Treibstangenschrauben haben sich gelockert.

4. Das Kolbenzapfenlager ist im Treibstangenkopf lose geworden.

5. Das Kurbel- oder Kolbenzapfenlager ist nicht genau parallel, wodurch die Treibstange oder der Kolben seitlich drückt.

6. Der Hochdruckkolben ist durch verbranntes Öl verschmutzt und geht zu stramm.

8. Der Kompressor arbeitet zu heiß.

7. Die Druckrohre sind durch verbranntes Öl verschmutzt.

(7 und 8. In diesem Falle gelangen die Öldämpfe zur Entzündung.)

V. Die kompressorlosen Dieselmaschinen.

1. Einleitung.

Bei der Dieselmaschine mit Drucklufteinspritzung war unter dem Bedienungspersonal bis hinauf zum Maschinenmeister sehr häufig die irrtümliche Meinung anzutreffen, daß die Einblaseluft zur Einleitung der Zündung notwendig sei, bzw. daß nur die eintretende Druckluft die Zündung verursache.

Dieser unrichtigen aber doch weit verbreiteten Ansicht wurde ein Ende gemacht durch das Erscheinen des kompressorlosen Dieselmotors, bei dem die Einspritzung und die restlose Verbrennung des Rohöls ohne Zuhilfenahme von Druckluft herbeigeführt werden.

Der kompressorlose Dieselmotor unterscheidet sich vom ursprünglichen Dieselmotor somit nur insoweit, daß der Brennstoff direkt durch die Brennstoffpumpe und ohne Druckluft in den Kompressionsraum oder in eine Vorkammer eingespritzt wird.

Vielerlei Betriebserfahrungen mit Kompressormotoren haben schon früh die Möglichkeit der luftlosen Einspritzung ergeben.

Aber neu dürfte sein, daß schon lange vor dem Erscheinen der kompressorlosen Dieselmaschinen ein Motor mit Drucklufteinspritzung, infolge eines Fehlers beim Zusammenbau des Kompressors, anstandslos mit jeder Belastung und rauchfrei zwei Monate kompressorlos arbeitete, und zwar bei täglicher Inbetriebsetzung und ohne daß das Personal auf den ungewöhnlichen Betrieb der Maschine aufmerksam geworden wäre.

Es handelt sich um einen liegenden, einzylindrigen Motor Deutz Type M. K. D. 45 PS, bei dem ein Einblasegefäß nicht vorgesehen ist und die Druckluft deshalb unmittelbar von der Hochdruckstufe des Kompressors nach dem Einblaseventil geführt wird. Der Brennstoff wird in einem kleinen zylindrischen Raum dem Einblaseventil vorgelagert und bei Öffnung der Nadel wird das Rohöl von der eintretenden Luft durch fünf kleine Düsenlöcher in den Verbrennungsraum des Motors geblasen.

Gelegentlich der Vornahme von Instandhaltungsarbeiten wurden sämtliche Beilagen zwischen der Kompressorschubstange und dem Kurbelzapfenlager verlegt, so daß nach dem Zusammenbau des Kompressors, ohne vermerkt zu werden, über 10 mm Spiel zwischen Kolben und Deckel entstand.

Bei der Probe hatte man unwillkürlich den Hub der Einblasenadel so verringert, daß ein Übertritt durch den Nadelsitz fast zur Unmöglichkeit wurde. In diesem Zustande hatte der Kompressor bei voller Umlaufzahl auf 18 at verdichtet, während die Kompression des Motors über 30 at betrug.

Da der Motor zur vollen Zufriedenheit weiterarbeitete, wurde der Fehler dem Hochdruckmanometer zugeschrieben und brieflich ein neues Manometer bestellt. Dieses funktionierte nicht besser als das alte; es wurde reklamiert, und so vergingen mehr als zwei Monate, bis der Verfasser Gelegenheit hatte, den wirklichen Fehler festzustellen.

Es wurde sonach kompressorlos gearbeitet, und während der ganzen Zeit ist auch nicht die geringste Schwierigkeit aufgetreten.

Interessant ist in diesem Falle, daß der sehr beschränkte Raum für die Vorlagerung des Brennstoffes zu einer Art Vorrats-Vorkammer wurde und daß der jeweils dort lagernde Brennstoff erst durch die nächstfolgende Ladung der Brennstoffpumpe in den Verbrennungsraum gedrückt wurde. Nur durch das zuverlässige und natürliche Arbeiten der Maschine konnte die große Veränderung im Einspritzvorgang unbemerkt bleiben.

Obwohl dieses Ereignis in einer warmen Gegend, und zwar im Norden Argentiniens, stattfand, so ist doch im allgemeinen daraus zu ersehen, daß das Erscheinen des kompressorlosen Dieselmotors nicht zu früh erfolgte, und daß der langandauernde Krieg eine bezügliche Entwicklung sehr gehemmt, wenn nicht ganz unterbrochen hat.

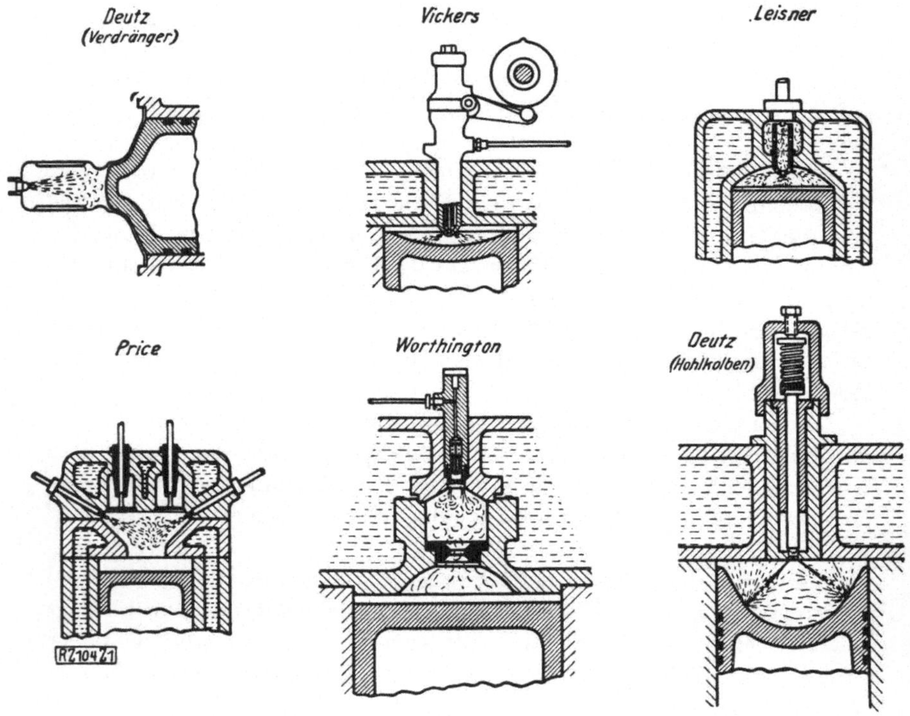

Abb. 20—25. Arbeitsverfahren für kompressorlose Dieselmaschinen[1]).

Der kompressorlose Dieselmotor bedeutet jedenfalls durch den Fortfall des Einblasekompressors nebst Anhang eine außerordentliche Vereinfachung und Verbilligung des Betriebes. Es ergibt sich rd. 10 g weniger Brennstoffverbrauch für die PSh.

Die weitestgehende Veränderung der Umlaufzahl, die bei kompressorlosen Maschinen erzielt wird, bildet besonders für Schiffsmaschinen einen erheblichen Vorteil.

[1]) Schultz: Z. V. d. I. Nr. 41, 1925.

Im nachstehenden wird die Entwicklung der kompressorlosen Dieselmaschine besprochen, sowie Näheres über Betriebserfahrungen und Instandhaltungsarbeiten ausgeführt.

2. Die Entwicklung der kompressorlosen Dieselmaschinen.

In den Abb. 20 bis 25, die aus der Zeitschrift des Vereins deutscher Ingenieure Nr. 41/1925 übernommen wurden, findet der Leser eine übersichtliche Darstellung der Entwicklung der luftlosen Einspritzung, wobei die Reihenfolge der Abbildungen auch die zeitliche Erscheinung der verschiedenen Verfahren wiedergibt.

Als Vorbedingung für die luftlose Einspritzung bei Dieselmotoren war die Aufgabe zu lösen, den Brennstoff ebensogut wie bei Verwendung von Druckluft zu feinem Nebel zu zerstäuben.

Heute wird die luftlose Einspritzung des Brennstoffes und dessen vollständige Zerstäubung durch verschiedene praktisch erprobte Verfahren erreicht, die im nachstehenden Schema übersichtlich und einheitlich zusammengefaßt sind.

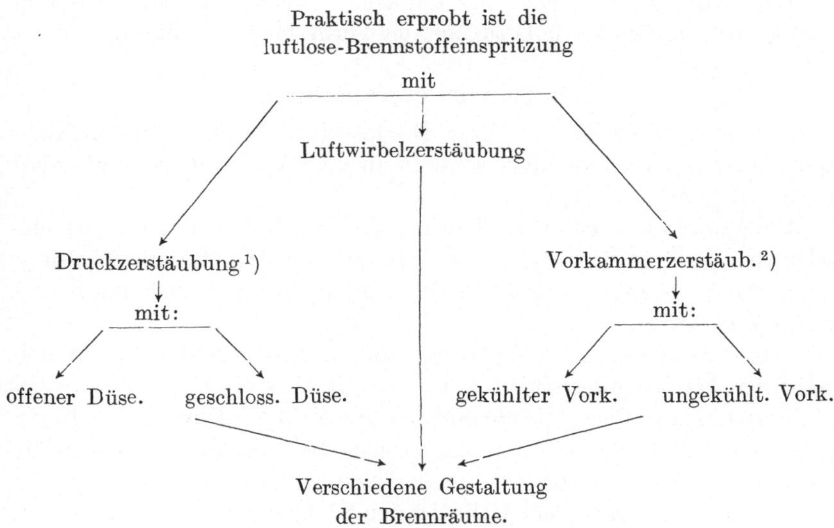

3. Luftwirbelzerstäubung.

Abb. 20 veranschaulicht die Zerstäubung des Brennstoffes durch Luftwirbel, die durch einen Verdrängerkolben verursacht wird.

Auch durch das in Abb. 23 dargestellte Verfahren wird die Zerstäubung durch einen Luftwirbel, der infolge der gegenseitigen Brennstoffeinspritzung entsteht, erzielt.

4. Druckzerstäubung[1]).

Beim Druckzerstäubungsverfahren — allgemein als Druckeinspritzung bezeichnet — wird der Brennstoff unter einem Drucke von einigen 100 at zumeist durch mehrere kleine Düsenlöcher in feinen Strahlen in den Verbrennungsraum eingespritzt und zerstäubt (siehe Abb. 21 und 25). Im ersteren Fall wird die Brennstoffnadel durch eine mechanische Steuerung geöffnet, wobei der Brennstoff unter ständig hohem Druck für den Eintritt bereit gehalten wird (Akkumulierungsverfahren). Hingegen wird bei der Bauart nach Abb. 25 das Nadelventil selbsttätig durch den hohen Einspritzdruck, der jeweils von der Brennstoffpumpe erzeugt wird, geöffnet.

Ein weiterer Unterschied besteht in den offenen und geschlossenen Brennstoffdüsen. Als geschlossen bezeichnet man diejenige Düse, bei welcher durch ein Ventil der Raum zwischen Brennstoffzuführung und Verbrennungsraum direkt an der Düse abgeschlossen wird.

Die Bezeichnung „offene Düse" wird dann angewendet, wenn das Ventil in einiger Entfernung von der Einspritzdüse oder auch in der Brennstoffpumpe selbst angeordnet ist.

Weiterhin bestehen noch mannigfache Unterschiede bezüglich Ein- und Mehrlochdüsen sowie bezüglich der Form des Verbrennungsraumes.

5. Vorkammerzerstäubung[2]).

Bei diesem Verfahren wird der Brennstoff nicht direkt in den Kompressionsraum der Maschine, sondern in eine Vorkammer eingespritzt (siehe Abb. 22 und 24).

Die Vorkammer hat vor allem den Zweck, den Brennstoff, der ein- oder durchgespritzt wird, fein zu zerstäuben. Die Zündung kann je nach den Umständen sowohl in der Vorkammer wie auch im Brennraum stattfinden.

Der Pumpendruck für die Brennstoffeinspritzung ist ungefähr derselbe wie bei Kompressormotoren.

Bezüglich der Form, Größe und Art und Zahl der Durchgangsöffnungen nach dem Verbrennungsraum, gibt es die verschiedensten Ausführungen von Vorkammern.

Bei mittleren und kleinen Maschinen ist zumeist eine Hilfszündung zum Anlassen vorgesehen, weil bei kalter Vorkammer die Zündtemperatur nur schwer erreicht werden kann. In den allermeisten Fällen werden mit Glimmpapier versehene, sogenannte Zündpatronen beim Anlassen eingeführt.

---

[1]) Druckzerstäubung bedeutet dasselbe wie Druckeinspritzung oder Strahleinspritzung, oder auch Strahlzerstäubung.

[2]) (auch Zündkammerverfahren.)

Bei Anbringung einer Hilfsdüse, die durch Umgehung der Vorkammer den Brennstoff direkt in das Zentrum des Brennraumes einspritzt (Patent Deutz) kann man auch die kalte Maschine mit Sicherheit anlassen.

Das Vorkammerverfahren hat sich ganz besonders bei kleinen Leistungen für sehr praktisch erwiesen.

Während aber die Motoren mit Druckeinspritzung noch bei sehr niedriger Kompression zünden, ist bei Vorkammernzerstäubung eine bedeutend höhere Kompression zur sicheren Selbstzündung des Brennstoffes notwendig. Dafür ist aber wieder bei Verwendung von dickflüssigem Rohöl die Vorkammermaschine unempfindlicher.

Aber sowohl Druckeinspritzung wie Vorkammerverfahren haben sich glänzend bewährt und zur raschen Entwicklung der kompressorlosen Dieselmaschine mit Erfolg beigetragen.

6. Erfahrungen beim Anlassen kompressorloser Dieselmotore.

Die Inbetriebsetzung der kompressorlosen Motore gestaltet sich im allgemeinen bedeutend einfacher als beim Kompressormotor und ist auch von einer einzelnen Person leichter zu übersehen und durchzuführen.

Aber zum Unterschied des Original-Diesel mit Gleichdruckverbrennung findet beim kompressorlosen Diesel-Motor gewöhnlich eine plötzliche drucksteigernde Verbrennung statt, weshalb es doppelt notwendig ist, für ein ruhiges und stoßfreies Anlassen Sorge zu tragen.

Man schont die Lager und Triebwerkteile, wenn die Maschine sanft anläuft, das heißt, wenn verhindert wird, daß der Motor durch ganz wenige, aber starke Explosionen seine normale Umlaufzahl erreicht. Der rasche Übergang von der Ruhestellung zu hoher Umlaufzahl verursacht durch die außergewöhnlichen Verbrennungsstöße frühzeitige Lagerabnützung und auch Springen des Weißmetalls. Besonders bei den leicht zündenden größeren Maschinen ist ein ruhiger Anlauf wichtig.

Bei allen Bauarten liegt es an der Geschicklichkeit des Maschinisten, ob beim Anlaßvorgang ein sanfter Übergang zur vollen Geschwindigkeit erreicht wird.

Wenn auch schon bei ganz geringer Schnelligkeit Zündungen auftreten, so darf sich der Maschinist dadurch nicht verleiten lassen, mit der Anlaßdruckluft zu sparen, denn um Zündstöße und übermäßiges Verschmutzen des Kompressionsraumes zu vermeiden, wird es stets von Vorteil sein, durch die Anlaßdruckluft der Maschine eine möglichst große Geschwindigkeit zu geben. Das aber wird natürlich nur bei einer leicht gehenden und unbelasteten Maschine möglich sein.

Solange einem Zylinder Anlaßdruckluft zuströmt, darf in diesen kein Brennstoff eingespritzt werden. Die Brennstoffpumpen sollen nur bei jenen Arbeitszylindern früher angestellt werden, die nicht für das Anlassen mit Druckluft vorgesehen sind.

In den meisten Fällen liegt es auch an der Handhabung der Brennstoffpumpen, um ein ruhiges und so wenig als möglich qualmendes Anlaufen zu erzielen. Sollten beim Anlassen Stöße auftreten oder sonst übermäßig viel Brennstoff in die Zylinder gelangen, so kann man, wenn eine Einstellung auf halbe Förderung nicht vorgesehen ist, die Brennstoffpumpe sofort nach erfolgter Zündung ausschalten und dann langsam wieder anstellen.

Ein vorheriges Brennstoffeinspritzen in die Zylinder ist zwecklos und trägt nur zur Verschmutzung des Kompressionsraumes bei.

Mit Druckluft soll so angelassen werden, daß immer zuerst das Druckluftgefäß geöffnet und erst dann der Hebel am Motor in die Anlaßstellung verbracht wird.

Dies hat den besonderen Vorteil, daß man dabei jedesmal die Anlaßventile einer Druckprobe unterzieht. (Siehe „Beispiele" und Erfahrungen über die zumeist geübte unvorteilhafte Inbetriebsetzung.) Nur dadurch wird es möglich, Undichtheiten in den Anlaßventilen gleich nach dem Entstehen zu entdecken.

Sollte es manchmal an der Zeit mangeln, eben aufgetretene Undichtheit eines Anlaßventiles sofort zu beheben, so kann dann ausnahmsweise so angefahren werden, daß sich der Motor sofort nach Öffnung des Anlaßgefäßes in Bewegung setzt. Das Druckluftgefäß muß dann aber abgesperrt werden, bevor noch die Brennstoffpumpen angestellt werden.

Bei kleineren Motoren, die von Hand angedreht werden, ist es ebenfalls wichtig, eine übermäßige Brennstoffzuführung während des Anlaßvorganges hintanzuhalten.

Ist für das Anlassen eine Hilfszündung durch Glimmpapier vorgesehen und läßt sich die sogenannte Zündpatrone zwecks Anbringung des Glimmpapiers nur sehr schwer entfernen, so soll die Zündpatrone immer gleich nach dem Abstellen bei betriebswarmer Maschine herausgenommen werden.

Sollte aus Versehen das von der Fabrik gelieferte Glimmpapier ausgegangen sein, so kann man dasselbe auf folgende Art selbst herstellen: Durch eine Lösung von 50 g Kalisalpeter auf ein Liter Wasser ziehe man ein Löschpapier von mindestens ½ mm Stärke öfters durch und lasse es dann an der Luft trocknen. Nachher zerschneide man das Glimmpapier in genau passende Stücke.

Bezüglich Einstellung des Kühlwassers, Aufladen der Druckluft, Ablassen des Kondenswassers, Anlassen mit Kohlensäure usw. siehe unter Abschnitt II: „Bedienung".

Beim kompressorlosen Motor erstrecken sich die Proben für ein sicheres Anlassen auf die gute Kompression des Motors und auf das sichere Einspritzen des Brennstoffes.

Es ist vorteilhaft, sich den Verdichtungswiderstand, der bei normaler Kompression beim Drehen des Schwungrades verspürt wird, gut zu merken, damit bei einer später vorzunehmenden Probe ein sicherer Vergleich gezogen werden kann.

Die Brennstoffpumpe wird geprüft, indem man bei geschlossenem Überströmventil und tiefsten Pumpenkolbenstand durch den Probierhahn Brennstoff pumpt. Dabei darf der Brennstoff keine Luftblasen mit sich führen und bei rascher Pumpenbetätigung muß das Rohöl stoßweise, entsprechend der raschen Bewegung des Pumpenhebels, austreten.

Tritt der Brennstoff zögernd durch einen langandauernden Strahl aus, so ist das ein Zeichen, daß sich in der Pumpe Luft befindet. Sollte aber eine zu geringe Menge von Brennstoff austreten, so ist eines der Pumpenventile undicht, oder das Überströmventil wird etwas aufgestoßen.

Ist bei geschlossenem Probierhahn und gefüllter Leitung die Pumpe und das Brennstoffventil dicht, so darf der Pumpenhebel nur dann nachgeben, wenn der zum Öffnen der Brennstoffnadel notwendige hydraulische Druck erreicht wird, was natürlich beim Versuch mit normaler Kraftanstrengung nicht möglich ist.

Im besonderen ist dann bei der Brennstoffpumpe darauf zu achten, daß der Pumpenkolben nicht schleichend oder zögernd zurückgeht, was hauptsächlich durch eine Klemmung in der Führung oder durch zu stark angezogene Stopfbüchsenpackung verursacht werden kann.

7. Instandhaltungsarbeiten.

In einem gut organisierten Betriebe muß der Leitsatz, eine bestimmte Arbeit von Zeit zu Zeit auszuführen, in ganz genauen durch die Erfahrung gefundenen Zeiträumen befolgt werden.

Es ist unklug, die Zeit für eine bestimmte Arbeit erst dann für gekommen zu erachten, wenn die Maschine schon deutliche Anzeichen einer vorliegenden Regelwidrigkeit gibt.

Die günstigste Zwischenzeit läßt sich aber auch nicht durch die Betriebsdauer ermitteln. Denn die Maschine wird durch öfteres Anlassen und Abstellen mehr beansprucht und verschmutzt als dies bei Dauerbetrieb der Fall ist.

Aber über alles ausschlaggebend ist die Beschaffenheit des in Verwendung stehenden Brennstoffes. Gerade die am häufigsten wiederkehrenden Instandhaltungsarbeiten vermehren sich bedeutend und sind in weit kürzeren Zeitabschnitten auszuführen, sobald ungeeignetes, zu dickflüssiges oder schlecht gereinigtes Rohöl benützt wird.

Aber nicht nur die geeignetsten Zeitabstände für die Ausführung der Instandhaltungsarbeiten, sondern auch die zu Unregelmäßigkeiten führenden Ursachen lassen sich leicht und schnell finden, wenn man die entsprechenden Eintragungen in Merkblättern nach den im gleichen Buche vorhandenen Mustern vornimmt.

Bei normalem Betriebe ist gegenüber dem Kompressormotor ein Unterschied in den Instandhaltungsarbeiten nur bezüglich des Einspritzventils und der Zerstäuberdüse festzustellen.

Die Ventile des Anlaß-Luftkompressors sind annähernd in den gleichen Zeitabschnitten wie beim Einblase-Luftkompressor des Original-Dieselmotors nachzusehen und zu reinigen.

Wird bei kompressorlosen Motoren Rohöl als Brennstoff verwendet, so erzielt man Ersparungen und eine bedeutende Verminderung der Instandhaltungsarbeiten, wenn man den Brennstoff reinigt, bevor er in die Tagesbehälter gepumpt wird (siehe beste Rohölreinigungsmethode).

Alle Rohöle enthalten nebst anderen Beimischungen auch Wasser und Schlamm, die nicht nur eine häufige Reinigung der Filzeinlagen, Tücher und Filter verursachen, sondern auch die größten Unannehmlichkeiten und Störungen in der Brennstoffpumpe und der Einspritzdüse mit sich bringen. Da eine gänzliche Ausscheidung dieser schädlichen Beimengungen durch die anwendbaren Filter nicht zu erzielen ist, bleibt als einziges Mittel zur peinlichen Sauberhaltung von Brennstoffbehälter, Filter, Leitungen, Pumpe und Zerstäuberdüse die vom Verfasser eingeführte Reinigung des Brennstoffes.

Bei den Motoren mit Druckzerstäubung wird man guttun, mit einem wöchentlichen Ausbau der Brennstoffventile zu beginnen, um dann je nach Sauberkeit der Einspritzdüsen die Zeitabstände allmählich zu verlängern. Beim Ein- und Ausbauen ist sorgfältig darauf zu achten, daß die Ventile nicht mit der Düse auf den Boden aufgesetzt werden, weil dadurch die Düsen leicht beschädigt werden können. Auch darf bei der Reinigung der Düsen nicht mit Schaber oder Schmirgelleine vorgegangen werden. Die an den Düsen vorhandenen Koksansätze sind ausschließlich mit Petroleum und Lappen zu entfernen. Die Düsenbohrungen sind gut zu reinigen, aber auf keinen Fall zu beschädigen oder zu vergrößern. Sollte irgendeine Veränderung bemerkt werden, die einen gleichmäßig verteilten Brennstoffaustritt bezweifeln läßt, so ist es besser, eine neue Düsenplatte einzubauen, oder man überzeuge sich von der Gleichmäßigkeit des Austrittes und der Richtung der Brennstoffstrahlen durch Ausspritzen in das Freie. Siehe Abb. 26.

Bei geschlossenen Düsen ist auch dann eine vorhandene Düse gegen eine neue umzutauschen, wenn der Sitz rauhe Stellen oder tieferliegende Punkte aufweist oder wenn der Einschlag in die Platte zu groß geworden ist. Neue Düsenplatten müssen am Gehäuse aufgeschliffen werden.

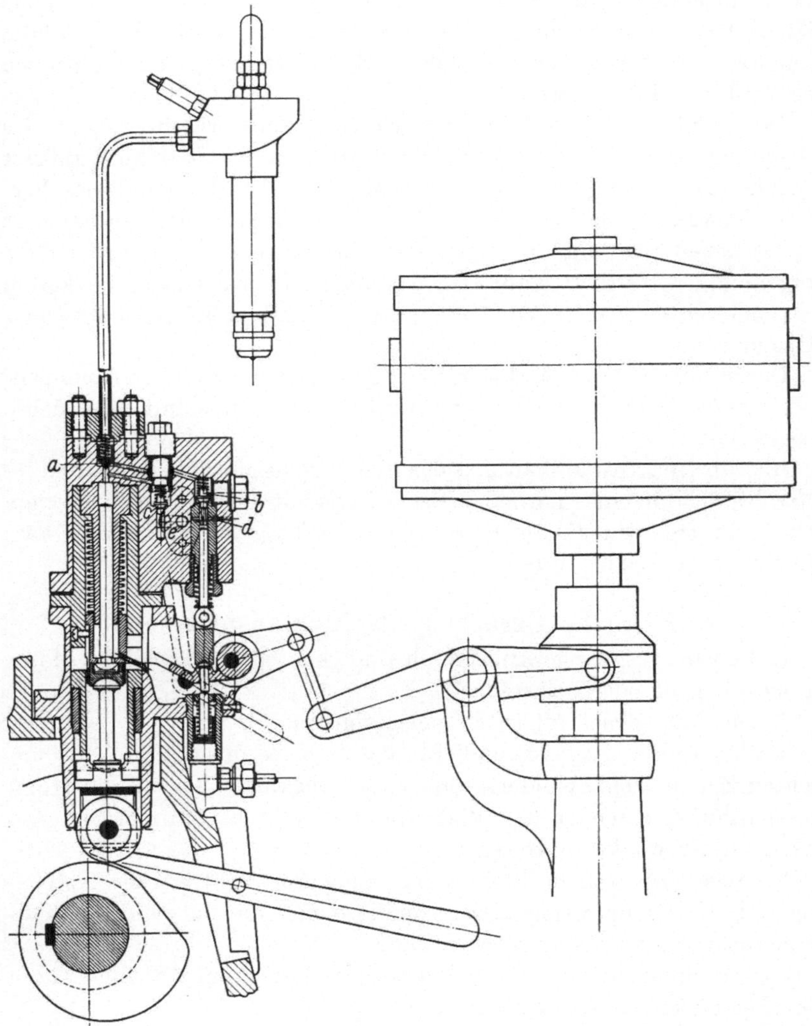

Abb. 26. Schema der Brennstoffzuführung. (Pumpe der Friedr. Krupp A.-G.)
a Druckventil, *b* Überströmventil, *c* Saugventil, *d* Brennstoffüberströmbohrung, *e* Brennstoffeintritt.
Der lange Hilfshebel dient zum Abdrücken der Pumpe und des Brennstoffventils.

Es ist auf Leichtgängigkeit der Ventilnadel und auf einen zwanglosen Eintritt in den Düsenplattensitz Rücksicht zu nehmen.

Das Einschleifen der Brennstoffnadel und der Pumpenventile ist in derselben Weise wie beim Original-Dieselmotor vorzunehmen.

Hat man die Druckfeder für die Brennstoffnadel zu lösen, so muß man vorher eine Anzeichnung machen oder sich die entsprechenden Maße aufschreiben, damit man beim Zusammenbau wieder die ganz gleiche Höhe resp. Spannung der Feder einstellen kann. Sonst müßte man durch einen Vergleich mit anderen Zylindern oder durch Abspritzen des Ventils richtig einstellen.

Die peinliche Reinhaltuug des Kolbenbodens wie überhaupt des Verbrennungsraumes ist für ein gutes Arbeiten der Maschine äußerst wichtig. Der Ausbau des Auspuffventils und die Reinigung des Verbrennungsraumes hat in gleicher Weise wie beim Lufteinspritzmotor zu geschehen und muß bei normalen Verhältnissen auch nicht öfter vorgenommen werden. Läßt sich das Auspuffventilgehäuse im kalten Zustande schwer lockern, so nehme man den Ausbau bei betriebswarmer Maschine vor.

Die in langen Führungsbüchsen eingeschliffenen Brennstoffpumpenkolben müssen bei vorkommender Undichtheit immer mit der Büchse ausgewechselt werden.

Alle übrigen Instandhaltungsarbeiten sind in gleicher Weise und — sofern es sich um einen normalen Betrieb handelt — auch in den gleichen Zeitabschnitten vorzunehmen wie das beim Original-Dieselmotor ausführlich angegeben wurde.

8. Mögliche Ursachen des Nichtanspringens.

1. Es wird zu geringe Anlaßgeschwindigkeit erreicht, weil der Motor zu schwer geht oder belastet ist.
2. Die Anlaßdruckluft ist zu tief gesunken.
3. Ein Anlaßventil ist undicht, dadurch verursacht die zur unrechten Zeit in den Zylinder gelangende Druckluft während des Kompressionshubes einen großen Widerstand. (Wird bei unrichtigem Anlassen immer wieder eintreten.)
4. Wegen zu großem Brennraum, undichter Ventile oder Kolbenringe ist die Kompression ungenügend, so daß die notwendige Zündtemperatur nicht erreicht werden kann.
5. Der Brennstoff ist zu dickflüssig; es muß zum Anlassen Gasöl oder Petroleum verwendet werden.
6. Der Brennstoff enthält Wasser.
7. Die Brennstoffpumpe wurde verstellt oder der Pumpenkolben bleibt hängen.
8. Es ist Luft in der Brennstoffpumpe oder in der Druckleitung.
9. Der Brennstoffpumpenkolben oder die Ventile sind undicht.
10. Im Brennstoffventil ist eine Regelwidrigkeit vorhanden.
11. Das Zündpapier ist erloschen (bei Vorkammerzerstäubung).
12. In den Kompressionsraum ist Wasser eingedrungen.

9. Mögliche Ursachen unreinen Auspuffes.

1. Der Motor oder der betreffende Zylinder ist überlastet.
2. Der Brennstoff ist ungeeignet oder zu dickflüssig.
3. Das Brennstoffventil ist undicht.
4. Die Brennstoffventilfeder ist zu wenig angezogen, lahm, oder gebrochen.
5. Die Brennstoffventilnadel klemmt.
6. Die Einspritzdüse ist teilweise verstopft.
7. Die Brennstoffpumpe ist verstellt.
8. Der Kolbenboden ist stark verschmutzt.
9. Der Motor oder der betreffende Zylinder hat eine ungenügende Kompression wegen zu großen Brennraumes, undichter Ventile oder Kolbenringe.
10. Unrichtiges Spiel zwischen Hebelrollen und Steuerscheiben.
11. Die Einsaugschlitze oder die Auspuffleitung ist verschmutzt.
12. Es gelangt viel Schmieröl in den Kompressionsraum und wird dort verbrannt, wenn ein Ölabstreifring fehlerhaft oder gebrochen ist und wenn durch die Verschmutzung der Einsaugschlitze im Zylinder ein größerer Unterdruck (Vakuum) entsteht.

VI. Verschiedenes.

1. Merkbuch für Instandhaltungsarbeiten.

(Muster für einen Einzylindermotor.)

In einem gut geführten Dieselmotorenbetrieb soll für jede Maschine ein Merkbuch nach dem folgenden Muster vorhanden sein. Dieses Merkbuch bekommt erst dann seine volle Bedeutung, wenn man sich bei der Vornahme der Arbeiten nach Absatz III dieses Werkes „Instandhaltungsarbeiten, wann und wie sie ausgeführt werden sollen", richtet.

Durch die gewissenhafte Eintragung der betreffenden Ausführungstage in das Merkbuch wird für die spätere rechtzeitige Wiederholung der Arbeiten vorgebaut. Auch kann man dann mit Leichtigkeit die den Verhältnissen anzupassenden Zeitabschnitte für die Ausführung der jeweiligen Instandhaltungsarbeiten herausfinden.

Weiterhin schafft die umfassende Statistik eine Übersichtlichkeit, die zur sofortigen Aufdeckung der Ursachen von Regelwidrigkeiten oder ungewöhnlichen Erscheinungen führt. Die Aufzeichnungen lassen nichts in Vergessenheit geraten, geben Anregung zum Nachdenken und bilden so die Grundlage zur Vorbeugung und zur vollen Betriebssicherheit. Außerdem führt diese Einteilung zu einem guten wirtschaftlichen Betriebsergebnis und erleichtert dem Personal die Aufgabe.

Merkblatt für Instandhaltungsarbeiten im Jahre 19......

Baufirma .... Motor Nr. ...... Type .... PS .... Zylinderzahl ...... Umdrehungen p. M. ....

Kompressor Nr. .... Zylinderdurchmesser und Kompressionsraum im Nieder- .... Mittel- .... Hochdruck ....

Ausgeführte Arbeiten.

Bezeichnung	Auszuführen	Jan.	Febr.	März	April	Mai	Juni	Juli	Aug.	Sept.	Okt.	Nov.	Dez.	Bemerkungen
Grundplattenlager .	½ jährl.													
Steuerwellenlager .	jährl.													
Regulator, Hebel, Gelenke usw. . .	¼ jährl.													
Ölfilter (bei Druckschmierung) . . .	? Tage													
Zentralschm.-Öler u. Ölleitungen . . .	¼ jährl.													
Auspufftopf u. Rohre	jährl.													
Brennstoffb. u. Filt.	jährl.													
Schwungrad und Kanäle	¼ jährl.													
Wasserbeh. Gradierwerk	jährl.													
Kompr. Ventile u. Kompressionsraum	monatl.													
Kompr. Kolbenausb.	jährl.													
Zwischenk. Druckr.	½ jährl.													
Druckluftgefäße . .	3 jährl.													
Verschiedenes. .														

(Diesbezügliche Reparaturen, Einbau von Ersatzteilen usw. sind mit Datum auf der Rückseite zu verzeichnen.)

Merkblatt für Instandhaltungsarbeiten bei Zylinder Nr. I.

Zylinderdurchm. norm. .... abnorm. .... Hub .... Höhe des Brennraumes .... Bohrung der Einspritzdüse ...... Nadelhebelspiel ....

Brennstoffnadel öffnet ...... Grad vor, und schließt .... Grad nach dem oberen Totpunkt.

Ausgeführte Arbeiten.

Bezeichnung	Auszuführen	Jan.	Febr.	März	April	Mai	Juni	Juli	Aug.	Sept.	Okt.	Nov.	Dez.	Bemerkungen
Auspuffventile und Verbrennungsraum	monatl.													
Brennstoffventil . .	monatl.													
Saugventil	3 monatl.													
Anlaßventil	6 monatl.													
Brennstoffpumpe. .	3 monatl.													
Kurbelzapfenlager .	monatl.													
Zylinderdeckel-Kühlraum. . . .	6 monatl.													
Kolben, Kolbenringe, Kolbenzapfenlager	jährl.													
Zylinderbüchse . .	3 jährl.													
Verschiedenes . .														

(Diesbezügliche Reparaturen, Einbau von Ersatzteilen usw. sind mit Datum auf der Rückseite zu verzeichnen.)

Das Merkbuch eignet sich sowohl für Motore mit Lufteinspritzung, wie auch für kompressorlose Dieselmotore. In den Merkblättern sind unter „Verschiedenes“ Sonderkonstruktionen, besondere Betriebseinrichtungen oder Hilfsmaschinen einzutragen. Unter „Bemerkungen“ sind mit Datum anzuführen: Die Verwendung eines neuen Brennstoffes oder Schmieröls, Lagerheißlaufen, große Überlastung, hohe Kühlwasser-Abflußtemperatur usw. An der Rückseite jeden Blattes werden außergewöhnliche Vorfälle, Ausbesserungen sowie der Einbau von Ersatzteilen verzeichnet.

2. Schmierung und Wiedergewinnung des gebrauchten Öles.

Der Ölverbrauch bei Dieselmotoren ist im Vergleich zu anderen Maschinen an und für sich etwas größer.

Aber in sehr vielen Betrieben mit Dieselmaschinen ist der Verbrauch an Schmieröl so groß, daß das Doppelte, ja sogar Dreifache der normalen Kosten erreicht wird.

Um die Maschine mit gutem Öl reichlich zu versehen und doch angemessene Kosten nicht zu überschreiten, hängt von vielerlei Umständen ab, die nach den drei folgenden Richtlinien ausführlich behandelt werden sollen.

a) Geringste Verdunstung oder Verbrennung des Schmieröls und Schutz vor verderbenbringenden Einflüssen.

b) Auffangen und Sammeln möglichst des ganzen ablaufenden und abspritzenden Öles sowohl vom Motor wie vom Kompressor.

c) Beste Reinigung auch des schmutzigsten Ölrestes durch zuverlässige Ausscheidung aller schlechten und für die Schmierung schädlichen Bestandteile ohne dabei Ausgaben zu verursachen oder das Personal mit umständlichen Arbeiten zu belasten.

Bei Punkt a) ist vor allem der Betriebszustand der Maschine selbst maßgebend.

Eine Maschine mit großen Reibungswiderständen durch schief stehende oder gar angefressene Kolben, schadhafte Lager usw. vergrößert nicht nur den Verbrauch, sondern verschlechtert auch das ablaufende Öl.

Dasselbe tritt ein, wenn das Kühlwasser zu heiß abläuft oder wegen Wassersteinbildung nicht genügend Wärme abgeführt werden kann.

Bei unreiner Verbrennung bildet die gefettete Zylinderwandung bis auf die tiefste Kolbenstellung eine sehr gute Anhaftung für die im Zylinder wirbelnden Rußteile.

Beim Aufwärtsgang des Kolbens wird aber nur ein Teil des Rußbelages durch die Kolbenringe mitgenommen, während der andere Teil beim Abwärtsgang an die tiefste Stelle gebracht wird und schließlich in die Kurbelmulde gelangt. Unreine Verbrennung erfordert nicht nur sofortige, bedeutend vermehrte Zylinderschmierung, sondern die Verbrennungsrückstände, die sich mit dem ablaufenden Zylinder- und Kurbelöl verbinden, verschlechtern oder verderben das Öl ganz.

Also zusammengefaßt ist zur Normalisierung des Ölverbrauches in erster Linie eine soviel als möglich reibungslose, leichtgehende Maschine, reine Verbrennung während des Betriebes, aber auch geringste Rauchentwicklung beim Anlassen notwendig. Es ist aber außerdem zu vermeiden, daß Brennstoff oder Wasser durch Undichtheiten oder Abtropfen zum Schmieröl gelangt, weil auch dadurch das Öl frühzeitig zersetzt wird.

Bezüglich des Punktes b) sind ohne Mühe Ersparungen zu machen, wenn man die nötigen Vorkehrungen trifft und es zur Selbstverständlichkeit wird, auch jeden Tropfen gebrauchten Öls wieder zu erfassen.

Dabei ist auch darauf Rücksicht zu nehmen, daß beim Abschmieren der offenen Schmierstellen das fast überall vorkommende zwecklose Überlaufen vermieden werden soll.

Wo aber ein ständiges Abtropfen oder Abspritzen vorkommt, soll das Öl abgefangen oder in eine Sammelstelle geleitet werden, von wo es dann — wenn nicht anders möglich — mittels einer Ölspritze aufzusaugen ist.

Öl, das mit Putzwolle oder Lappen aufgetrocknet und abgewischt wird, geht natürlich endgültig verloren.

Der Kompressor wird gewöhnlich mit einem sehr guten und teuren Öl geschmiert, aber niemand denkt daran, das mit dem Kondenswasser abgeführte Öl wieder aufzufangen. Nicht einmal bei Reavellkompressoren, die als große Ölverbraucher bekannt sind, ordnet man Sammelstellen für das Kondenswasser und zur Wiedergewinnung des Öls an.

Und doch gehört es außer der Wiedergewinnung des Öles auch zur Ordnung und Reinlichkeit, daß alle Kondenswasser-Ablaßrohre in eine Sammelstelle geleitet werden, von wo dann das an der Oberfläche schwimmende Öl täglich oder wöchentlich abgeschöpft werden kann. Die Sammelstelle wird am besten neben den Luftgefäßen oder unweit des Kompressors und Zwischenkühlers für einen oder mehrere Motore ziemlich tief, aber mit kleinem Durchmesser gut vermauert und mit Zement verputzt ausgeführt. In diesen Schacht sind alle Kondenswasser-Ablaßleitungen vom Kompressor, Zwischenkühler und den Luftgefäßen einzuführen.

Der Schacht ist natürlich von Zeit zu Zeit zu entleeren. Das abgeschöpfte Öl, wenn auch mit Schaum oder Wasser vermischt, gießt man in den Trichter des Ölreinigers, der in den späteren Ausführungen besprochen wird.

Und nun kommen wir zu Punkt c): Vorteilhafteste Reinigung des gebrauchten Schmieröls.

Das Reinigen oder Filtrieren des Schmieröls wird sehr verschieden ausgeführt, ist aber in den meisten Fällen unzureichend und auch unwirtschaftlich.

Wo das Öl bloß gefiltert wird, steht der Maschinist sehr häufig vor dem Dilemma: Soll er das schmutzige Öl noch filtrieren oder soll er es weggießen.

Gewöhnlich entschließt man sich dann für das letztere, denn gibt man sehr schmutziges und dickflüssiges Öl in den Filter, so wird nicht nur das Filtrieren zu lange dauern, sondern der Filter wird dadurch auch bald verlegt sein. Es muß dann jeden zweiten oder dritten Tag zur umständlichen and auch Kosten erfordernden Reinigung des Filters geschritten werden.

Andere wieder lagern das Öl, das ihnen für eine Filtrierung zu schmutzig dünkt, in Fässern und warten lange Zeit die natürliche Absonderung des größten Schmutzes ab, um schließlich und endlich einen kleinen Teil des abgestandenen Öles zu filtrieren.

Auch gibt es Vorrichtungen, die eine Anwärmung mit Heißwasser vorsehen, um so die Filtrierung zu beschleunigen.

Die chemische Verunreinigung und der in Zersetzung befindliche Teil des Öls werden aber durch die rein mechanische Filtrierung nicht ausgeschieden.

Gewöhnlich wird aber für die Zylinderschmierung neues, für das Triebwerk filtriertes Öl verwendet. Da nun die Öle beim Ablaufen im warmen Zustande zusammentreffen und einen innigen Kontakt eingehen, wird die vorhandene Zersetzung im filtrierten Öl auch den Zersetzungsprozeß beim neuen Öl beschleunigen.

Wegen der hohen Schmierkosten kann der Motorenbesitzer auf die Wiederbenützung des grebauchten Öls durchaus nicht verzichten, erleidet aber andererseits — infolge der bisher gebräuchlichen Filtrierung des Öles — durch Reibungsverluste und schnellere Abnützung bedeutenden Schaden.

Im nachstehenden gibt der Verfasser seine mit vollem Erfolge eingeführte Reinigung des Schmieröls bekannt, wonach jeder Motorenbesitzer mit Leichtigkeit und geringen einmaligen Ausgaben die gleichen Einrichtungen treffen kann, um so eine Vereinfachung, sowie Verbesserung in der Wiedergewinnung des Schmieröls, aber zugleich auch sofortige Ersparungen erzielen zu können.

In Abb. 27, 28 und 29 sind Schmierölreinigungseinrichtungen schematisch dargestellt, wie solche gleich oder in ähnlicher Weise bei jeder Anlage leicht auszuführen sind. Die Auspuffleitungen, Auspufftöpfe oder auch Ableitung des Auspuffes selbst ermöglichen immer, den Ölreiniger praktisch anzubringen.

Abb. 27 zeigt ein Auspuffrohr, an dem sich ein autogen oder elektrisch angeschweißter Behälter befindet. Diese Anordnung ist an jeder senkrechten Leitung möglich. Sind die Rohre aus Gußeisen, so läßt man sich für die Reinigung an geeigneter Stelle ein Stück Stahlrohr einsetzen.

Das Öl wird in keinem Falle zu heiß, im Gegenteil, je höher die Temperatur und je länger diese auf das Öl einwirkt, um so vorzüglicher

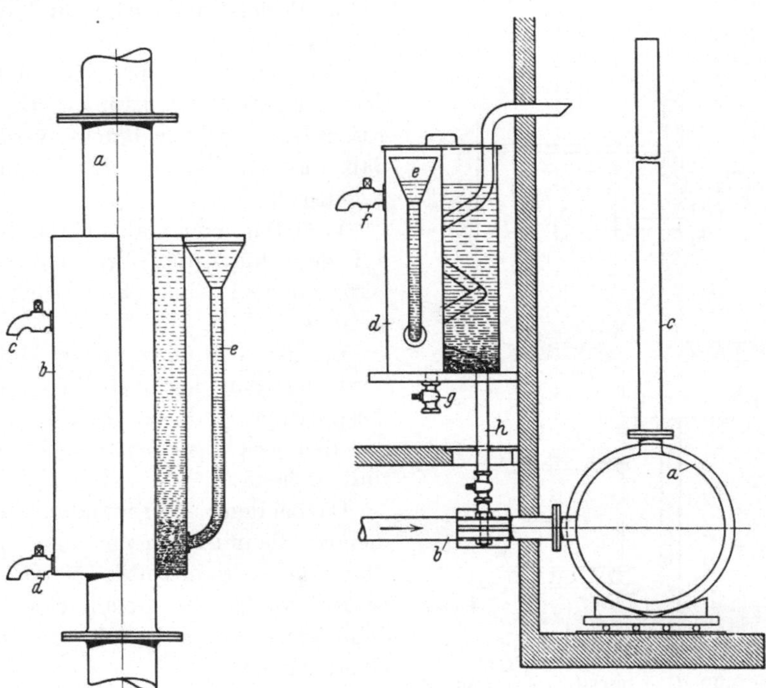

Abb. 27. Schmierölreiniger.
a Auspuffrohr, *b* Ölbehälter, *c* Ablaßhahn für gereinigtes Schmieröl, *d* Schmutzablaßhahn, *e* Trichter für unreines Öl.

Abb. 28. Schmierölreiniger.
a Auspufftopf *b* Auspuffeintritt, *c* Auspuffaustritt, *d* Ölbehälter, *e* Trichter für unreines Öl, *f* Ablaßhahn für gereinigtes Schmieröl, *g* Schmutzablaßhahn, *h* Heizschlange.

wird die Purifikation ausfallen. Im allgemeinen soll das Öl einige Stunden der größtmöglichen Temperatur ausgesetzt sein und der im Öl arbeitende Termosifon-Umlauf nicht durch Abkühlung gestört werden.

Bei der in Abb. 28 dargestellten Anordnung muß das Rohr, das von der Auspuffleitung abzweigt, mit Asbestschnur umwickelt werden, und auch der Behälter selbst soll durch einen guten Wärmeschutz, wie Kork, Asbest usw., umgeben werden. Der Deckel kann aus Holz oder mit Holzbelag versehen sein.

Der in der Nähe des Auspuffrohres vorhandene Absperrhahn ist jedesmal vor Stillsetzen der Maschine zu schließen und soll erst wieder nach der Belastung des Motors geöffnet werden.

Dies ist notwendig, weil der Motor beim Anlassen rußt, die Heizschlange aber von Ruß frei bleiben muß.

Die Abzweigung soll, wenn möglich, vor einem Knie und in der Nähe des Motors angebracht werden.

Die Heizschlange soll dem Durchgang der Auspuffgase möglichst wenig Widerstand leisten und möglichst groß sein.

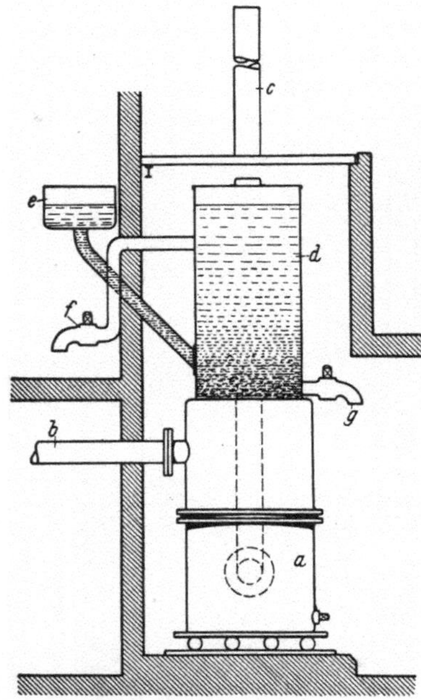

Abb. 29. Schmierölreiniger.
a Auspufftopf, *b* Auspuffeintritt, *c* Auspuffaustritt, *d* Ölbehälter, *e* Trichter für unreines Öl, *f* Ablaßhahn für gereinigtes Schmieröl, *g* Schmutzablaßhahn.

Bei der Abzweigung im Innern des Auspuffrohres kann u. U. ein Eisenblech so angebracht werden, daß das Auffangen des Auspuffes begünstigt wird.

Vom Purifikator ab soll das Rohr auf dem kürzesten Weg und ohne Krümmungen ins Freie geführt werden.

Bei der Ausführung nach Abb. 29 wird der Purifikationsbehälter vom Auspufftopf und der heißen Luft, die den geschlossenen Schacht ausfüllt, geheizt.

Da bei den zur Verwendung kommenden Schmierölen der Siede- und Flammpunkt immer über 150° C liegt, besteht weder die Gefahr einer Öldampfentwicklung noch die des Überkochens.

Je länger das gebrauchte Schmieröl in einem sehr heißen Zustande gehalten wird, desto besser wird der ständig arbeitende Termosifon die leichteren und guten Teile des Öls in die Höhe treiben, die festen und schweren Bestandteile aber, wie auch Ruß und Wasser, an der tiefsten Stelle ablagern.

Das gute Öl kann dann abgelassen aber auch aus dem Gefäß selbst abgeschöpft werden und soll noch im warmen Zustand einen beliebigen Tropffilter passieren, damit etwa vorhandene, leicht schwimmende Verunreinigungen ebenfalls abgesondert werden.

Auch kann man das gereinigte Öl selbsttätig in einen Filter überlaufen lassen.

Ohne Mühe und Reinigungskosten wird der von Zeit zu Zeit sich bildende Satz — also nur die ausgeschiedenen schädlichen Bestandteile — abgelassen.

Bei *e* kann zu jeder Zeit schmutziges Öl eingegossen werden, denn der Eintritt ist mit Absicht so tief angeordnet, daß durch das neu hinzukommende schmutzige Öl der im Termosifon-Umlauf fortschreitende Reinigungsprozeß nicht gestört werden kann.

In Trichter *e* ist auch stets die jeweilige Höhe des Ölstandes im Gefäß zu ersehen.

Die häufig zur Verwendung kommenden dickflüssigen Schmieröle können auf eine andere Weise überhaupt nicht gut gereinigt werden.

Wird aber das Öl mittels des Reinigers gut gereinigt und dann filtriert, so kann man mit vollem Vertrauen mit neuem Öl mischen und so auch das gebraucthe Öl zur Zylinderschmierung wieder verwenden.

Es ist am besten, das gebrauchte Öl noch im warmen Zustande durch Umrühren mit dem neuen gut zu vermischen.

Da im allgemeinen zur kalten Jahreszeit das Öl vorgewärmt werden muß, wird man guttun, das gänzliche Erkalten des gebrauchten oder gemischten Öles zu vermeiden.

Die Bestimmung der Größe des Reinigergefäßes sowie der Verbrauch an gereinigtem und neuem Schmieröl ist aus folgendem Beispiel zu ersehen:

Nehmen wir an, ein 50 PS-Motor verbraucht die angemessene Ölmenge von 10 g pro PSh, so wäre das bei einer Betriebsdauer von 10 Stunden $50 \times 10 \times 10 = 5000$ g oder 5 kg Gesamt-Schmierölverbrauch für den Tag.

Bei einer Mischung von 3 zu 2, das heißt 3 kg gebrauchtem mit 2 kg neuem Öl, müßte demnach die Auspuffhitze in einer Betriebsdauer von 10 Stunden den geringen Bedarf von 3 kg Öl reinigen. Der Schmierölverbrauch würde in diesem Falle in Wirklichkeit 4 g/PSh betragen.

Bei guter Reinigung kann die Mischung so vorgenommen werden, daß der Zusatz von neuem Öl nur den tatsächlichen Verlust zu ersetzen hat.

Der Verbrauch würde sich in allen Fällen nach den zur Verwendung kommenden Eigenschaften des Öles und dem mehr oder weniger guten Betriebszustand der Maschine richten.

Wegen eines kleinen Preisunterschiedes soll man niemals ein erprobtes, gutes Dieselöl durch ein mindergutes Öl ersetzen.

Über Ölwechsel in den Lagern, Zylinderschmierung usw. ist unter den bezüglichen Instandhaltungsarbeiten Näheres zu finden.

In der Praxis wurden häufig üble Erfahrungen mit verunreinigtem neuen Öl gemacht, weshalb es sich empfiehlt, auch das neue Öl vor Gebrauch zu filtrieren; denn es ist sehr leicht möglich, daß beim Füllungsvorgang, durch die Leitungen oder aber durch die Gefäße selbst, das Öl verunreinigt wird.

Als Zylinderöl für Dieselmotoren kommt nur hitzebeständiges Mineralöl, das von Harzen und Säuren frei sein muß, in Betracht.

Je größer der Motor, desto mehr muß darauf Rücksicht genommen werden, nur Öle mit möglichst hohem Flammpunkt und guter Anhaftung (Viskosität) bei hoher Temperatur zu verwenden.

3. Beste Rohöl-Reinigungsmethoden.

Immer mehr versucht man im Dieselmaschinenbetrieb, die dickflüssigen Rohöle als billigsten Brennstoff heranzuziehen.

Aber außer der Dickflüssigkeit haben diese Rohöle sehr häufig noch den besonderen Nachteil, verschiedene für den Motor sehr schädliche Verunreinigungen zu enthalten.

Diesen Nachteilen wird in den meisten Fällen dadurch begegnet, daß man das Rohöl am Betriebsort erst Wochen oder Monate in Ruhe abstehen läßt, um so eine teilweise Ablagerung der Beimengungen zu erzielen.

Außerdem sind in den Tagesbehältern besondere Filter vorgesehen, von wo aus das Rohöl wieder kleinere Filter passieren muß usw.

Um die nötige Dünnflüssigkeit des Rohöls zu erreichen, werden die verschiedensten Arten von Vorwärmung, und zwar mit Dampf, Heißwasser, Auspuff und auch elektrischen Widerständen, angewendet.

Trotz der vielen und oft sehr umständlichen Vorkehrungen ist es meistenteils nicht möglich, ein gleich gutes Arbeiten wie mit Gasöl zu erzielen, und es müssen Störungen, mehr Instandhaltungsarbeiten, sowie frühzeitige Abnützung des Motors, mit in den Kauf genommen werden.

Aber nur das eingebürgerte, verfehlte System der Reinigung und Vorwärmung trägt die Schuld daran, daß heute fast überall, wo dickflüssige Rohöle verwendet werden, alle diese Übelstände auftreten, und auch das Personal mit ganz bedeutender Mehrarbeit belastet wird.

Viele Motorenbesitzer gehen dann wegen dieser Schwierigkeiten wieder zum Gasölbetrieb zurück.

So manche voreilige Urteile von Fachleuten in Zeitschriften und Büchern, wonach bei den in Betracht kommenden Rohölen die Ausscheidung der für den Motor schädlichen Bestandteile nur durch den Destillationsprozeß zu erzielen wäre, entstanden durch die schlechten Erfahrungen mit den vorerwähnten Methoden, mit denen durch die einfache Filtrierung die notwendige Ausscheidung natürlich nicht erreicht werden konnte.

Von einem den Bedürfnissen entsprechenden, gereinigten und geeigneten Rohöl kann natürlich erst dann die Rede sein, wenn im Betriebe die auf die Güte des Brennstoffes bezüglichen Instandhaltungsarbeiten annähernd nur so oft auszuführen sind, wie das bei Gasölbetrieb der Fall ist.

Diese Reinigung ist bei fast allen Rohölen ohne Destillation einfach und billig durch das vom Verfasser eingeführte Reinigungsverfahren zu erzielen. Da erst bei einer bestimmten Temperatur das Rohöl dünnflüssig wird, ist erst dann die Möglichkeit für die Ausscheidung von Verunreinigungen gegeben.

Je länger man das Rohöl in heißem, dünnflüssigem Zustand abstehen läßt, desto gründlicher wird die Ausscheidung der schädlichen Bestandteile vor sich gehen.

Diese Tatsache hat dem Verfasser schon vor vielen Jahren den Weg zur Reinigung des Rohöls gezeigt, denn jede Anwärmung in den

Abb. 30. Rohölreinigungsofen einer Dieselmotorenzentrale von über 1000 PS.

Abb. 31. Rohölreinigungsofen.

Tagesbehältern oder Rohrleitungen führt zwar zur Verdünnung und einer spärlichen Ausscheidung, aber es ist nur ein kleiner Bruchteil von den schädlichen Bestandteilen, die in den Tagesbehältern und Brennstoffpumpen abgesondert werden.

Ein Rohöl kann man aber auch erst dann für den Dieselmaschinenbetrieb als ungeeignet erklären, wenn trotz einer vorzüglichen Reinigung die schädlichen Eigenschaften des Rohöls bleiben.

Bei langsam laufenden Motoren kann gereinigtes zähflüssiges Rohöl mit entsprechender Anwärmung ohne Zusatz von Gasöl verwendet werden.

Bei Motoren mit höherer Umlaufzahl aber muß, um ein dauernd gutes Arbeiten zu ermöglichen, das Rohöl durch Gasölzusatz, je nach der Umlaufzahl der Maschine, verdünnt werden.

Auch in dieser Beziehung wurde wiederholt bei verschiedenen Rohölen die Behauptung aufgestellt, daß eine innige Verbindung mit Gasöl oder Petroleum nicht zu erzielen wäre.

Der Verfasser kann durch vieljährige Erfahrungen mit dickflüssigen Rohölen nicht nur das Gegenteil behaupten, sondern auch mitteilen, daß durch den Gasölzusatz die Reinigung des Rohöls während des Verfahrens noch gefördert wird. Die Mischung von Gasöl mit Rohöl oder die Reinigung selbst bietet keinerlei Schwierigkeiten.

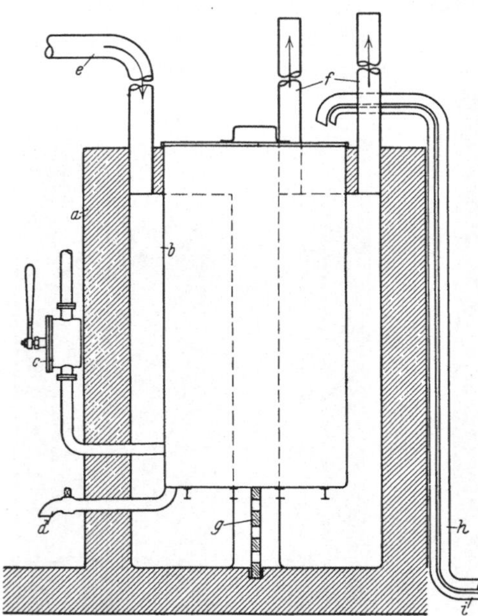

Abb. 32. Schema für Rohölreinigung durch Auspuffgase. *a* Betonauspufftopf, *b* Rohölbehälter, *c* Entleerungspumpe, *d* Ablaßhahn, *e* Auspuffeintritt, *f* Auspuffaustritt, *g* Locheisen, *h* Rohölleitung, *i* Gasölleitung.

Der Kessel des Reinigers kann geheizt werden mit Dampf, Auspuffgasen usw. Es sind aber auch schon wiederholt freistehende Ofenanlagen gebaut worden, die ebenfalls mit ausgezeichnetem Erfolg betrieben werden (siehe Abb. 30 u. 31). Hier muß besonders darauf Rücksicht genommen werden, daß Überkochen und Zusammentreffen des Rohöls mit der Feuerung ausgeschlossen sind.

Auch muß eine stundenlange Erwärmung des Rohöls auf möglichst hoher Temperatur durch gute Isolierung und luftzugabschließende Vorkehrungen angestrebt werden.

In Abb. 32 ist eine Rohöl-Reinigungsanlage schematisch dargestellt, die überall leicht aus Beton oder Eisenbeton gebaut werden kann. Die Heizungsanlage ist dabei zugleich Auspufftopf. Das Auspuffrohr kann sowohl von unten wie von der Seite eingeführt werden. Auch kann die Anlage zum Teil oder ganz unter der Erdoberfläche angelegt werden.

Da der Flamm- und Siedepunkt der meist in Betracht kommenden Rohöle bei einer höheren Temperatur liegt als bei der Heizung durch den Auspuff erreicht werden kann, sind bei diesen Anlagen Verluste durch Vergasen oder Überkochen nicht zu gewärtigen; außerdem ist eine Regulierung auf eine bestimmte Temperatur leicht möglich.

Es ist aber notwendig, die Anlagen im Freien aufzuführen, damit etwaige Schwefel- oder sonstige Dämpfe frei abziehen können.

Bei benzinhaltigen, dickflüssigen Rohölen ist es zugleich ein großer Vorteil, daß die Benzindämpfe ausscheiden und so ein ruhiges, stoßfreies Arbeiten des Motors infolge des gleichmäßigen Brennstoffes gewährleisten.

Der Vorgang bei der Reinigung und Verwendung des Rohöls ist folgender:

In das Gefäß des Reinigers wird je nach Bedarf nur Rohöl oder die gewünschte Mischung von Gasöl und Rohöl eingefüllt oder gepumpt.

Das Gefäß soll jedesmal bis $^2/_3$ gefüllt werden, weil besonders wasserhaltige Rohöle leicht aufschäumen.

Wird dickflüssiges Rohöl mit größerem Wassergehalt gereinigt, so ist es auch angezeigt, bei allmählich ansteigender Temperatur öfter umzurühren, weil durch diese Zerteilung die eingeschlossenen feinen Wasserteilchen sich zusammenfinden und so nach dem tiefsten Punkt gelangen können.

Bei größeren Anlagen kann ein von oben hineinragendes Rührwerk vorgesehen werden. Immerhin ist auch dann darauf zu achten, daß bei der Reinigung die Temperatur nicht allzu rasch steigt, da dadurch das Öl aufschäumen würde.

Hat das Rohöl die erreichbare oder zulässige Temperatur angenommen, so ist es für eine gute Reinigung von Vorteil, diese Temperatur möglichst viele Stunden zu erhalten.

Wird die Reinigung beendet, so ist zuerst bei *d* das Wasser abzulassen. Dann wird der Brennstoff — natürlich noch im heißen Zustande — nach dem Betriebsbehälter gepumpt.

Außer einem feinmaschigen Metallsieb, durch das der Brennstoff in den Behälter gelangt, sind dann keine wie immer geartete Filter notwendig.

Bei Maschinen, wo ständig längere Betriebspausen vorkommen sollten, kann man die Tagesbehälter mit einer Wärmeschutzverkleidung versehen.

Die Leitung vom Behälter bis zur Brennstoffpumpe wird am besten in die Nähe der Auspuffleitung verlegt. An Stellen, wo die Rohölleitung besonderer Abkühlung ausgesetzt sein könnte, ist eine Wärmeschutzwicklung anzubringen.

Die Reinigung sowie die Beförderung des Rohöls in die Betriebsbehälter hat täglich zu erfolgen. Denn es ist unvorteilhaft, dickflüssiges Rohöl auf Vorrat zu reinigen, weil die Wiedererkaltung des Brennstoffes dann umständliche Anwärmungsvorrichtungen erfordern würde.

Ein Kessel genügt für mehrere Maschinen, nur ist es dann angezeigt, den Motor, der die größte Auspuffhitze ergibt, für die Anlage nutzbar zu machen.

Bei dem jeweils in Verwendung stehenden Rohöl soll der Flammpunkt festgestellt werden, damit beim Reinigen eine u. U. bedeutende Überschreitung dieser Temperatur vermieden wird.

Zur Feststellung des Flammpunktes soll das Rohöl im offenen Gefäß langsam erwärmt werden, um dann bei schon höher ansteigender Temperatur in kurzen Zwischenräumen eine, an einem Stab befestigte, kleine brennende Kerze nahe an der Oberfläche des Rohöls zu bewegen, um so die ersten aufsteigenden Dämpfe zu entzünden.

Die nach dem ersten Aufflammen festgestellte Temperatur des Rohöls ist der Flammpunkt, der zu berücksichtigen ist. Die Ausscheidung von Benzin ist vorteilhaft, da die spätere Verdampfung in der Rohrleitung, Brennstoffpumpe oder im Arbeitszylinder Störungen verursacht.

Im allgemeinen wird bei sehr schädlichen dickflüssigen Rohölen eine ausgezeichnete Reinigung ermöglicht, indem man den Brennstoff einige Stunden lang mit einer Temperatur von 60 bis 80° C stehenläßt.

Die Ausscheidung von Wasser, Schlamm, Salzen, usw. ist so gründlich, wie sie gleich gut auch nicht von den besten Spezialfiltern erreicht werden kann.

Es gibt viele dickflüssige Rohöle, die einen Gehalt von sehr feinem Schlamm aufweisen, der durch die in Verwendung stehenden Filter nicht abgesondert werden kann und durch seine schleifenden Eigenschaften frühzeitige Abnützung und Zerstörungen verursacht.

Es ist auch bekannt, daß die gänzliche Ausscheidung von Wasser bei stark schwefelhaltigem Rohöl von großer Wichtigkeit ist; aber weniger bekannt und beachtet wird, daß bei manchen dickflüssigen Rohölen der Salzgehalt des beigemengten Wassers im Motor großen Schaden dadurch anrichtet, daß bei der Verbrennung der Wassergehalt verdampft und der Salzrückstand im Zylinder durch seine verderbliche Eigenschaft des Abschleifens und Anfressens große Zerstörungen anrichtet.

Bei Verwendung derartiger ungereinigter Rohöle ist Kolbenfressen eine häufige Erscheinung.

Der Wassergehalt läßt sich bei dickflüssigen Rohölen durch Abstehenlassen oder Filtrieren nicht ganz ausscheiden, weil die unzähligen mikroskopisch feinen Wasserstäubchen, in der zähen Masse des Rohöls verteilt, nicht die Bewegungsmöglichkeit zum Sammeln oder Freiwerden aus der klebrigen Umgebung haben.

Wo immer Rohöl in Dieselmaschinen zur Verwendung kommt, einerlei ob dick- oder dünnflüssig, wird es von Vorteil sein, durch die Reinigung einen erstklassigen gereinigten und gleichmäßigen Brennstoff vorzubereiten und dadurch auch die Betriebsbehälter sowie Rohrleitungen von Verschmutzung frei zu halten, womit viele Störungen und die sehr unbequeme wiederholte Reinigung verklebter Filter in Wegfall kommen.

Die Entnahme des gereinigten Rohöls geschieht 5 bis 10 cm oberhalb der Bodenfläche des Gefäßes; der verbleibende Rest wird je nach der Bedeutung der Ausscheidungen immer nach vier bis zehn Operationen abgelassen und gesammelt.

Sobald genügend Rückstände vorhanden sind, wird mit einem Zusatz von 20 bis 40 % Gasöl eine neuerliche, und zwar ausgiebige Reinigung durch Umrühren und längerer Erhaltung auf möglichst hoher Temperatur durchgeführt.

Nach Entnahme des guten Teiles dieser Schlußreinigung wird der Rückstand von 5 oder 10 cm weggeworfen oder bei Gelegenheit verheizt.

Zusammengefaßt bringt diese Einführung überall, wo Rohöl zur Verwendung kommt, sofortige Ersparnisse an Instandhaltung und Ausbesserungen, weniger Arbeit für das Personal und volle Betriebssicherheit.

Zum Schluß ein Beispiel, das die sofortige Betriebsveränderung zeigt:

Ein vierzylindriger Dieselmotor, der stets durchzulaufen hatte, arbeitete mit gefiltertem und vorgewärmtem argentinischen Rohöl von Comodoro-Rivadavia höchstens eine Woche, worauf die Auspuffventile, Brennstoffverteiler usw. wieder gereinigt oder in Ordnung gebracht werden mußten. Sehr häufig wurde es aber notwendig, die Maschine zwecks Reinigung schon vor dieser Zeit abzustellen.

Nachdem die Maschine mit dem gleichen aber gereinigten Brennstoff lief, wurde der Motor erst nach 27 Tagen, und da ohne zwingende Gründe, stillgesetzt. Dabei war der Verbrennungsraum frei von Rückständen, und die Auspuffventile befanden sich in einem glänzenden Zustande im Vergleiche zum früheren wöchentlichen Ausbau.

In vielen Betrieben wird diese Art der Reinigung seit Jahren mit größtem Erfolg angewendet und dadurch auch glänzend bewiesen, daß das argentinische und auch andere dickflüssige Rohöle mit Unrecht als für den Dieselmotor schädliche Brennstoffe bezeichnet werden.

Abb. 33 zeigt eine durch viele Jahre mit ausgezeichnetem Erfolg arbeitende Anlage, die durch den Auspuff eines 250 PS-Dieselmotors geheizt wird. Durch einen vier- bis fünfstündigen Betrieb wird das Rohöl auf eine Temperatur zwischen 60 und 70° C gebracht. Die Anordnung ist ähnlich der in der schematischen Darstellung Abb. 32.

Bei Rohöltanks und Reinigungsbehältern vermeide man jede offene Flamme und hantiere in der Dunkelheit nur mit elektrischem Lichte.

Bei Ausführung einer Reinigungsanlage mit Feuerung ist es unbedingt notwendig, daß der obere Teil einen Abschluß erhält, der auch bei einem gänzlichen Überkochen des Kesselinhaltes eine sichere Gewähr dafür bildet, daß die kochende Flüssigkeit nicht über oder in die Nähe der Feuerung gelangen kann.

Man muß zu diesem Zwecke oberhalb des Kessels aus Blech oder Mauerwerk einen vergrößerten, nach außen gut abgeschlossenen Raum schaffen, von dem aus in der entgegengesetzten Richtung der Feuertür eine genügend große Ableitung nach einem Schacht herzustellen ist.

Abb. 33. Rohölreiniger und Auspufftopf.

Es sei hier ausdrücklich darauf hingewiesen, daß der Brennstoff sehr leicht überschäumt und daß bei nicht genügender Vorkehrung ein Zutritt des Öls zur Feuerung die größten Gefahren verursachen würde.

Auch müssen derartige Anlagen unbedingt im Freien und immer so weit als möglich von den Gebäulichkeiten entfernt ausgeführt werden.

Für die Vorwärmung dickflüssigen Rohöls ist noch folgendes zu berücksichtigen.

Beim Gebrauch des gereinigten dickflüssigen Rohöls läßt sich eine größere Dünnflüssigkeit durch Vorwärmen bis zur Höchsttemperatur leichter erzielen, da beim gereinigten Brennstoff das störende Schäumen in den Rohrleitungen nicht mehr vorkommt.

Die umständliche Vorwärmung durch Heißwasser ist überall dort zu verwerfen, wo zur Kühlung des Motors ein hartes, leicht steinbildendes Wasser verwendet werden muß. Dies trifft übrigens in fast allen überseeischen Gebieten zu.

Die Vorwärmung des Brennstoffes durch den Auspuff bildet durchaus keine Schwierigkeiten. Man kann unter anderem auch den Auspuff an einer günstigen Stelle ableiten, um damit ein Rohr oder ein kleineres den Verhältnissen entsprechendes Brennstoffgefäß anzuwärmen. An der Abzweigung muß ein Absperrhahn angebracht werden, der immer vor dem Stillsetzen der Maschine zu schließen ist, damit beim Anlassen der Maschine der Teil zum Brennstoffanwärmen nicht verschmutzen kann. Dieser Hahn ist dann auch zur Einstellung der günstigsten Temperatur des Rohöls, in Abhängigkeit von der jeweiligen Belastung der Maschine, von großem Vorteil.

4. Gründliche und vorteilhafteste Behebung des Kolbenfressens.

Das Kolbenfressen ist wohl das unangenehmste Vorkommnis für Maschinenmeister, Monteur und Motorenbesitzer. Dazu kommt noch, daß die allgemeinen Behebungsmethoden die Wiederherstellung der vollen Betriebssicherheit nicht ermöglichen und die Gefahr eines weiteren Anfressens bestehen lassen.

Im günstigsten Falle wird durch das zumeist geübte mühselige Abschleifen der angefressenen Stellen mit Karborundumstein doch noch ein größerer Reibungswiderstand zurückbleiben und auch ein Mehr von Zylinderschmierung bedingen, wodurch natürlich die Wirtschaftlichkeit des Betriebes dauernd ungünstig beeinflußt wird.

Je nach der Größe der Maschine bedeutet das für den Motorenbesitzer ebensoviel, als ob er dauernd die Kraft von 5, 10 oder 20 PS umsonst vergeben würde und obendrein auch noch die Wartung, sowie die Betriebskosten einschließlich Schmieröl großmütig bezahlen wollte.

Durch die vom Verfasser erdachte und vor vielen Jahren eingeführte Behandlung des Kolbenfressens wird aber der Fehler gründlich behoben, so daß der betreffende Zylinder sofort mit der größten Belastung arbeiten kann. Ein größerer Reibungswiderstand oder die Gefahr eines neuerlichen Anfressens ist ausgeschlossen, die Maschine wird vielmehr ebenso gut und sicher arbeiten, als ob sie neu wäre.

Auch ein wiederholtes Ausbauen des Kolbens, um sich von dessen Verhalten zu überzeugen, ist in diesem Falle überflüssig.

Die Arbeiten können mit Leichtigkeit auch vom Maschinenpersonal in folgender Weise ausgeführt werden:

Es wird nicht nur der angefressene Kolben, sondern auch die Zylinderbüchse ausgebaut. Da beim Fressen immer Material vom Kolben losgerissen wird und an der Zylinderwandung wie angeschweißt haftenbleibt, sind in erster Linie die Vorsprünge in der Zylinderbüchse zu entfernen. Da diese Stellen sehr hart sind, ist ein Abfeilen derselben unmöglich. Aber auch das Abfeilen mit einem Karborundum oder anderem Schmirgelstein ist nicht am Platze, weil man an den glasharten Stellen allzu leicht abgleitet, dafür aber in der weicheren Umgebung ungewünscht Vertiefungen verursacht.

Am schnellsten und am genauesten kann man die Vorsprünge durch einen kleinen Elektromotor mit Schmirgelscheibe abschleifen. Dabei kann sowohl der Motor mit der daran befindlichen Schmirgelscheibe in die Zylinderbüchse eingeführt werden, oder man verbindet mit dem

Motor eine längere biegsame Achse, an deren Ende eine kleine Schmirgelscheibe sitzt, die dann leichter zu handhaben ist.

Auch an einem Schleifapparat mit Handbetrieb kann mit Vorteil eine biegsame Achse angebracht werden, nur muß man beim Schleifen besonders darauf achten, daß eine allzu starke Abbiegung der Achse vermieden wird, weil sonst der Betrieb einen bedeutend größeren Kraftaufwand erfordert, aber auch das Schleifen durch starkes Zittern und Stoßen beeinträchtigt wird. Vertiefungen dürfen in der Zylinderwand auf keinen Fall verursacht werden, lieber soll man auf das gänzliche Abschleifen der Erhöhungen verzichten.

Verfügt man über keine der beiden erwähnten Einrichtungen, so wird die Entfernung der gröbsten Vorsprünge durch leichtes Beklopfen der erhöhten Stellen mit einem zur Ausdehnung dieser Erhöhungen geeigneten kleinen Hammer vorgenommen. Der Hammer soll schmal sein, darf keine scharfe Schneide haben, kann aber sonst die gleiche Form wie die zum Kesselsteinabklopfen üblichen Hämmer haben.

Durch längeres leichtes Hämmern wird die Ausdehnung und schließlich das Abspringen des angeschweißten Materials ermöglicht.

Wenn man auf die angegebene Art auch alle Vorsprünge von festgefressenem Material von der Zylinderbüchse in gründlichster Weise entfernen wollte, so wäre ein neuerliches Anfressen oder doch ein sehr großer Reibungswiderstand sicher, weil bei dem stattgehabten Anfressen auch noch eine mehr oder weniger starke Deformierung des Kolbens oder der Zylinderbüchse verursacht wurde. Durch diese Deformierung geht die gute und reibungslose Auflage des Kolbens in der Zylinderbüchse verloren, so daß eine vollkommene Betriebssicherheit erst dann wieder erzielt werden kann, wenn die Gleitfläche des Kolbens wieder ganz genau der Gleitfläche in der Zylinderbüchse angepaßt wird.

Dieses Anpassen geschieht nun durch Einschleifen des Kolbens in die Zylinderbüchse, wie das aus den Abb. 34 und 35 ersichtlich ist.

Zum Zwecke des Einschleifens wird die Zylinderbüchse, einschließlich der Bohrungen für den Öleintritt, gut mit Petroleum gereinigt und dann auf Holzböcke, eine Kiste oder Feilbank — in eine Höhe von etwas über 1 m — gelegt, wobei das Verdrehen der Büchse durch klemmende Unterlagen oder Keile zu verhindern ist.

Vom Kolben werden die Ringe abgenommen, und die Ränder der durch das Fressen entstandenen Vertiefungen werden mit einer feinen Feile oder Karborundum, immer nach der Rundung des Kolbens, leicht überfeilt, wobei natürlich ein Tieferfeilen an irgendeiner Stelle absolut vermieden werden soll.

Der Kolbenzapfen wird dann genau so eingesetzt, als wollte man die Maschine endgültig zusammenbauen. Dies ist notwendig, weil häufig durch das Festschlagen oder Festziehen des Kolbenzapfens eine kleine Verspannung oder Deformation des Kolbens eintritt, die aber ebenfalls beim Einschleifen des Kolbens wieder beseitigt werden kann.

Schließlich wird am Kolbenboden eine entsprechend lange Stange oder ein Rohr befestigt (siehe Abb. 34), so daß man bei der ein- und auswärts gehenden Bewegung mindestens die tiefste Kolbenstellung in der Zylinderbüchse erreicht, wenn man mit dem am Ende des Rohres durchgesteckten Wendeisen in die Nähe der Zylinderbüchse gelangt.

Abb. 34. Einschleifen des Kolbens in die Zylinderbüchse.

Zum Schleifen selbst macht man an der Zylinderbüchse Bezeichnungen, 6 oder 8 gleichen Teilen entsprechend, damit zum regelmäßigen und gleichmäßigen Nachdrehen der Zylinderbüchse geeignete Anhaltspunkte vorhanden sind, um so die Wirkung des Aufschleifens durch die Schwere des Kolbens auf die ganze Fläche der Zylinderbüchse gleichmäßig zu verteilen oder bei engeren sowie schlechten Stellen, die vorher besonders bezeichnet werden müssen, länger zu schleifen.

Abb. 35. Einschleifen des Kolbens in die Zylinderbüchse.

Bevor noch der Kolben ganz in die Zylinderbüchse hineingeschoben wird, ölt man die Auflage in der Büchse ein und bestreicht die Stelle vorerst ganz wenig mit halbfeinem Karborundumpasta oder Schmirgel. Beim Schleifen wird natürlich eine links und rechts drehende sowie eine aus- und einwärtsgehende Bewegung ausgeführt, aber auch der Kolben von Zeit zu Zeit um eine drittel oder halbe Drehung nachgestellt.

Die Drehung, wie auch die aus- und einwärtsgehende Bewegung des Kolbens ist bei Beginn des Schleifens am schwersten, wird aber mit der fortschreitenden Schaffung einer vergrößerten Auflage trotz wiederholter Bestreichung mit Schmirgelpasta immer leichter. Diese Beobachtung wird jeden Maschinisten sofort von der Wichtigkeit des Einschleifens überzeugen, weil er dabei am besten sieht, wie man sich von vornherein einen gut eingelaufenen Kolben schaffen kann. Eine gute, möglichst große Auflage des Kolbens in der Zylinderbüchse ist genau so wichtig und notwendig, wie ein genaues Aufliegen der Kurbelwelle im Lager. Das Zusammenpassen der Gleitflächen von Kolben und Zylinderbüchse kann aber nur durch Einschleifen erzielt werden.

Sobald man beim Einschleifen merkt, daß der Kolben leicht beweglich ist, kann eine weitere Drehung der Büchse vorgenommen werden. Die geschaffene Auflagefläche kann auch jederzeit besichtigt werden, indem man den Kolben etwas aus der Zylinderbüchse herauszieht.

Um eine äußerst glatte und reibungslose Fläche zu schaffen, ist es angezeigt, die Büchse beim Schleifen zweimal ganz zu drehen, und dabei während der ersten Drehung nur ein Vorschleifen mit öfterer Zugabe von Schmirgel, bei der zweiten Drehung aber ein Fertigschleifen ohne Zugabe von Schmirgel auszuführen.

Ein stark angefressener Kolben im Durchmesser von 500 mm kann bei gutem Zusammenarbeiten von drei Personen innerhalb eines Arbeitstages tadellos eingeschliffen werden.

Durch das Einschleifen wird das Spiel zwischen Kolben und Zylinder kaum merklich vergrößert, weil durch die außergewöhnlich hohe Temperatur, die der Kolben während des Fressens erleiden mußte, auch eine große Ausdehnung auftrat, die aber dann beim Erkalten nicht ganz auf das urspüngliche Maß des Kolbens zurückging. Dem vorteilhaften Einschleifen kommt auch noch der Umstand zugute, daß der Schmirgel leichter an den weicheren Stellen haftet oder sich eindrückt, wodurch gerade alle harten Vorsprünge zuerst abgeschliffen werden.

Bei einem guten Einschleifen eines neuen Kolbens in eine neue Zylinderbüchse wird sich im ganzen das Spiel um rd. 0,1 mm vergrößern.

Bei Vorkommen von Kolbenfressen geht die jedesmalige Abwärtsbewegung des Kolbens bis zum völligen Stillstand der Maschine nur auf Kosten der dadurch hochbeanspruchten Treibstangenschrauben vor sich, weshalb es dringend geboten erscheint, wegen der stattgehabten äußersten Beanspruchung des Materials die betreffenden Treibstangenschrauben durch neue zu ersetzen, denn nichts ist für den Motor so gefährlich wie der Bruch einer Treibstangenschraube.

Es ist bei Kolbenfressen übrigens schon öfters dagewesen, daß erst nach Monaten, ja sogar nach Jahren bei ganz normalem Betriebe die Treibstangenschrauben rissen, wodurch dann die ganze Maschine zerstört wurde. Solche Schraubenbrüche sind natürlich auf die große Beanspruchung des Materials durch das vorherige Kolbenfressen zurückzuführen.

Von den vielen überraschenden Erfolgen, die durch Einschleifen bei vorgekommenem Kolbenfressen von einem aussichtslosen Zustand sozusagen im Handumdrehen zu einem normalen und sicheren Betriebe führten, sei hier als Beispiel ein Fall angeführt.

Bei einem Dreizylindermotor hatte ein Kolben wiederholt gefressen, und nach jedem Anfressen wurde durch den Vertreter der Baufirma ein Monteur der Fabrik zur Behebung des Fehlers beigestellt. Schließlich wurde als beste Kraft der erste Monteur hinbeordert. Aber auch dieser hatte mit den üblichen Behebungsmethoden kein Glück und kam ebenfalls zu dem Schlusse: es bliebe nichts anderes übrig, als die Zylinderbüchse auszubohren und einen größeren Kolben anfertigen zu lassen. Nun war aber der Besitzer des Elektrizitätswerkes schon einige Male wegen zu geringer Spannung in den Lichtleitungen bestraft worden, und er stand mit seinen sehr stark belasteten Maschinen erst am Beginne des Winters. Die Zeit für das Ausbohren der Zylinderbüchse und die Anfertigung des neuen Kolbens wurde aber auf 6 Wochen bis 2 Monate angegeben.

Aus dieser wenig beneidenswerten Lage wurde der Besitzer durch Einschleifen des Kolbens befreit, und der Verfasser konnte am vierten Tage durch Diagrammentnahme feststellen, daß gerade der Zylinder mit dem gefressenen Kolben die größte Belastung leichter ertrug und daß die Zylinderbüchse in der Führung weit unter der Temperatur der anderen, nicht gefressenen Zylinder, zurückblieb.

Der betreffende Zylinder arbeitete fortan stets besser als die beiden anderen, und nach Jahren, als der Verfasser zufällig wieder in dieselbe Stadt kam, konnte die interessante Feststellung gemacht werden, daß der damals gefressene Kolben und die Zylinderbüchse noch immer gut arbeiteten, während die beiden anderen Zylinderbüchsen bereits ausgebohrt und mit neuen Kolben versehen waren.

Aber der damalige gute Erfolg des Einschleifens verursachte einen schlechten Ausgang für die Baufirma. Nach der Meinung des Motorenbesitzers waren die vorhergehenden unnützen Arbeiten und die hohen Kosten der Unerfahrenheit der Monteure und somit der Vertretung zuzuschreiben, weswegen er einen neuen Motor, der damals schon sehr notwendig gebraucht wurde, bei einer anderen Firma bestellte.

Dieser Vorfall soll zugleich zeigen, daß es im Interesse der Fabriken gelegen ist, die Monteure über die bestmögliche Behebung von Kolbenfressen zu unterrichten, um Mißerfolge der angeführten Art zu vermeiden.

In vielen Fällen könnte das Kolbenfressen überhaupt verhindert werden, wenn man früh genug die Unebenheiten bzw. die schlechte

Auflage des Kolbens durch ein leichtes Überschleifen verbessern wollte. Schon durch das Befühlen der Zylinderbüchse während oder gleich nach dem Betriebe kann man bei Vorhandensein abnormal hoher Temperaturen unschwer auf eine schlechte Auflage des Kolbens schließen. Außerdem sollen bei dem jährlich vorzunehmenden Kolbenausbau die Gleitflächen genau besichtigt werden.

Genau zusammenpassende Gleitflächen werden auch bei übermäßiger Kolbenausdehnung nicht so leicht anfressen, weil doch kleine Angriffsflächen gänzlich fehlen, das Anpressen der halben oder der ganzen Rundung des Kolbens aber frühzeitig so viel Bremskraft erzeugt, daß die Maschine allmählich zum Stehen gebracht wird, ohne anzufressen.

Auch wird eine gefährliche Ausdehnung des Kolbens bei gut zusammenpassenden Gleitflächen durch Brummen angezeigt, worauf man sofort mit der Entlastung und reichlicher Ölzuführung für den betreffenden Zylinder eingreifen kann.

Im gleichen Falle wird bei nicht gut zusammenpassenden Gleitflächen das Brummen unterbleiben, es wird aber sofort ein Lagerklopfen mit gleichzeitigem Anfressen des Kolbens einsetzen, worauf der Motor wie durch einen Schlag zum Stillstand kommt.

Erhöhung der Kühlwassertemperatur kommt hier zu spät. Durch die Entlastung geht die Ausdehnung des Kolbens sofort zurück.

5. Wie sucht man den Fehler, wenn der Motor nicht anspringt.

Die Grundbedingung für ein sicheres Anspringen ist: Genügend schnelle Bewegung des Motors, um eine möglichst gute Kompression und somit eine hohe Zündtemperatur zu erreichen. Das wird nur bei einer reibungslosen, leichtgehenden Maschine und bei genügendem Anlaßdruck der Fall sein.

Wenn die Maschine trotzdem nicht anspringt, so kann das sowohl an einem, wie auch an mehreren Fehlern liegen.

Das Herumsuchen durch Abschrauben verschiedener Teile oder das übermäßige Vorpumpen von Brennstoff ist zwecklos. Man bedenke vor allem, daß zum sicheren Anspringen eine hohe Zündtemperatur, die nur durch eine gute Kompression erreicht wird, notwendig ist. Also muß in erster Linie untersucht werden, ob der Motor gut komprimiert. Schnell und einfach kann man die Probe mit oder ohne Druckluft folgendermaßen ausführen:

Bei der Probe mit Druckluft wird der Kolben genau in den oberen Totpunkt, Ende des Kompressionshubes, gebracht. Dann wird das Brennstoffventil auf Dichthalten geprüft, indem man die Einblaseluft anstellt und am Indikatorhahn ein etwaiges Austreten der Luft beobachtet. Ist das Brennstoffventil in Ordnung oder in Ordnung gebracht, so läßt man durch dasselbe bei geschlossenen Ventilen und Indikatorhahn Einblaseluft in den Zylinder einströmen, um dann zu beobachten, ob die Luft, was sich durch Zischen sofort bemerkbar macht, an irgendeinem Ventil, Kolben usw. entweicht. Ist am Auspuffkrümmer ein Probierhahn zur Beobachtung eines Verlustes im Auspuffventil nicht vorhanden, so muß die Verbindung des Krümmers am Zylinderdeckel etwas gelöst werden.

Die Druckprobe kann auch durch Kompression der Luft mittels des Schaltwerkes vorgenommen werden. Ist man imstande, den Kompressionshub bei geschlossenen Ventilen und beschleunigtem Schalten zu überwinden, so entweicht die ganze Luft aus dem Zylinder, und man muß durch Beobachtung während des Schaltens feststellen, wo das der Fall ist. Bei etwas Übung kann man beim Schalten sofort erkennen, ob die erforderliche Kompression vorhanden ist. Am besten ist es, man macht den Versuch schon bei guter Kompression und merkt sich den gefundenen Widerstand.

Wird zum Zwecke der Behebung einer Undichtheit ein Ventil ausgebaut, so soll auch der Kompressionsraum oder zumindest der Kolbenboden gut gereinigt und abgetrocknet werden.

Hat man sich durch die Kompressionsprobe überzeugt, daß die Luft nicht entweicht, so muß die Brennstoffzuführung untersucht werden.

War beim Anlassen zu bemerken, daß nach dem Verbringen des Hebels in die Betriebsstellung der Motor sofort zündete, die Zündungen aber nach kurzer Zeit wieder aufhörten, so kam nur der vorgepumpte Brennstoff zur Geltung und eine weitere Zufuhr unterblieb. In einem solchen Falle braucht die Kompressionsprobe nicht gemacht zu werden, weil die stattgehabten Zündungen eine gute Kompression voraussetzen. Der Fehler ist dann gleich in der Brennstoffpumpe zu suchen. Gewöhnlich kann der Einblasedruck von der Pumpe nicht überwunden werden, wenn sich in dieser Luft befindet, der Kolben oder die Ventile undicht geworden sind. Aber auch eine unrichtige Einstellung der Brennstoffpumpe kann vorliegen.

Wenn bei guter Kompression überhaupt nicht gezündet wurde, so ist das Auspuffventil auszubauen und zu beobachten, ob überhaupt Brennstoff in den Zylinder gelangte oder ob sich vielleicht ein Gemisch von Wasser und Brennstoff am Kolbenboden befindet.

Wasser kann durch einen Sprung im Zylinderdeckel, aber auch mit dem Brennstoff oder durch die Einblaseluft in den Zylinder gelangen. Im ersteren Falle ist eine Reparatur des Zylinderdeckels dringend notwendig, weil durch einen Wasserschlag die Treibstange und die Kurbelwelle leicht verbogen werden. In den beiden anderen Fällen sind die betreffenden Gefäße gut zu entwässern.

Ob Brennstoff in den Zylinder gelangt und ob die Pumpe den Einblasedruck überwindet, kann auf folgende Art geprüft werden: Bei geöffneter Nadel wird Brennstoff vorgepumpt und beobachtet, ob er beim Düsenloch austritt. Dann wird versucht, bei geschlossener Brennstoffnadel und gegen den normalen Einblasedruck, zu pumpen. Ist trotz des Gegendruckes ein gewöhnliches Pumpen mit der Hand möglich, so ist die Pumpe schadhaft, denn zur Überwindung des Einblasedruckes bedarf man eines längeren Hebels, um den Pumpenkolben hineindrücken zu können. Läßt sich der Pumpenkolben mit der Hand nicht hineindrücken, so kann man annehmen, daß die Pumpe in Ordnung ist. Aber auch in diesem Falle kann eine weitere Probe gemacht werden, indem man sich eine Vorrichtung mit einem geeigneten Holzhebel macht und so einigemal gegen den Einblasedruck pumpt, nachher die Einblaseluft absperrt und die Leitung entlüftet. Kommt dann beim Öffnen der Nadel die in das Brennstoffventil gepumpte Flüssigkeit zum Vorschein, so ist das einwandfreie Arbeiten an der Pumpe festgestellt.

Wenn nun eine gute Kompression vorhanden ist, die Pumpe zündbaren Brennstoff mit Sicherheit fördert und es auch an dem nötigen Einblasedruck nicht fehlt, so muß der Motor anspringen, vorausgesetzt, daß man die Steuerung nicht geändert hat.

Schwierigkeiten beim Anlassen gibt es nur, wo die notwendigen Instandhaltungsarbeiten unterbleiben oder nicht zur richtigen Zeit ausgeführt werden.

6. Die Kühlung.

Ungenügende Kühlung des Dieselmotors verursacht Zunahme der Instandhaltungsarbeiten, gesteigerten Ölverbrauch, sowie frühzeitige Abnützung oder Zerstörung von einzelnen Bestandteilen.

Eine gute Kühlanlage muß auch während der heißen Sommermonate imstande sein, bei andauernd voller Belastung die Abflußtemperatur des Kühlwassers am Zylinderdeckel auf 50^0 zu halten. Ist das nicht erreichbar, so muß eine größere Durchgangsgeschwindigkeit des Wassers durch Erhöhung des Wasserbehälters oder durch Einbau einer Umlaufpumpe geschaffen werden. Das Anbringen größerer Rohre für den Wassereintritt hat nur dann einen Erfolg, wenn die Zuleitung, den Eintrittsöffnungen entsprechend, tatsächlich zu klein gehalten wurde.

Nichtsdestoweniger kommt es bei Mehrzylindermotoren oft vor, daß die Größe des Zuleitungsrohres im Verhältnis zu den Eintrittsöffnungen der Zylinder zu klein gewählt wird, wodurch bei der Verteilung ein Abfall des Wasserdruckes eintritt. In solchen Fällen ist bei voller Belastung eine gleichmäßige Kühlung aller Zylinder ausgeschlossen.

Die durch praktische Erfahrungen gefundene höchste Ablauftemperatur ist bei kleinen Motoren 55° und bei großen nur 45°.

Es ist unrichtig anzunehmen, daß bei einer Abflußtemperatur von 60 oder gar 70° dauernd eine Verminderung der Wärmeverluste und somit eine Verbesserung des Betriebswirkungsgrades erreicht werden kann. Bei so heißen Temperaturen wird nämlich trotz des größeren Ölverbrauchs ein Trockenlaufen der oberen Kolbenringe vorkommen, was aber um so schwerer ins Gewicht fällt, weil der Kompressions- und Verbrennungsdruck auch hinter diese Ringe gelangt und sie stark anpreßt. Dies hat außer dem größeren Reibungswiderstand baldiges Ausschlagen der Ringnuten und ein rasches Abnutzen der Zylinderbüchse, sowie der Kolbenringe zur Folge.

Im weiteren Verlaufe wird die übermäßige Temperatursteigerung im Kolbenkörper eine Deformierung des Kolbens und darauffolgend, ein Kolbenfressen verursachen. Es ist durchaus keine Seltenheit, daß durch zu heißes Arbeiten im Zeitraume von 1 bis 2 Jahren Zylinderdeckel, Kolben, Zylinderbüchse usw. vollständig ruiniert wurden.

Bei Verwendung von stark steinbildendem Kühlwasser muß ganz besonders darauf gesehen werden, daß die Abflußtemperatur am Zylinderdeckel sich möglichst unter den angegebenen Temperaturen hält, weil die Steinbildung um so mehr zunimmt, je höher die Kühlwassertemperatur steigt. In solchen Fällen ist es auch unbedingt notwendig, das Wasser vom Zylinderdeckel frei ablaufen zu lassen und nicht erst zur Kühlung von Auspuffrohren oder zur Anwärmung von dickflüssigem Brennstoff zu verwenden.

Obwohl durch das Kühlwasser rund 30% der erzeugten Wärme abgeführt werden, muß man für eine gute Kühlung Sorge tragen, um so die der größten Hitze ausgesetzten Teile in einem Zustande zu halten, der einen dauernd günstigen Wirkungsgrad der Maschine gewährleistet.

Natürlich soll man auch nicht in das andere Extrem verfallen und die Maschine zu kalt laufen lassen. Auch bei den schlechtesten Wasserverhältnissen soll die Ablauftemperautr am Zylinderdeckel nicht unter 40° gehalten werden.

Zu heiß gewordene Motore dürfen nur ganz langsam heruntergekühlt werden. Ist aber die Temperatur des Abflußwassers aus irgendeinem Grunde bis auf 80° gestiegen, so empfiehlt es sich, die Maschine stillzusetzen und den Arbeitszylinder gleichzeitig ausgiebig zu ölen. Eine raschere Abkühlung durch Öffnen der Kühlwasserhähne soll dann nicht vorgenommen werden.

Zum Schlusse soll noch ein Vorfall erwähnt werden, der die häufig vorkommenden bedauerlichen Meinungsverschiedenheiten über die günstigste Ablauftemperatur des Kühlwassers aufzeigt und auch beweist, wie leicht man vom grünen Tische aus zu falschen Schlüssen gelangen kann.

Ein Leiter eines Werkes war stolz auf die erfolgreichen Betriebsergebnisse, die nach seinen Behauptungen nur auf die günstige Wärmeausnützung infolge einer Kühlwasserabflußtemperatur von rund 65° zurückzuführen waren. Auf die Frage nach dem Ölverbrauch und die Häufigkeit der Instandhaltungsarbeiten und Reparaturen konnte ein ungünstiges Ergebnis nicht festgestellt werden trotz der steinbildenden Eigenschaft des Wassers.

Als der Verfasser in einer Nacht allein den Maschinenraum betrat, konnte er eine Abflußtemperatur der beiden im Betriebe stehenden Motoren von etwa 45° feststellen. Für die mit Absicht geäußerte Anerkennung der richtigen Kühlung plauderte der Maschinist ganz offenherzig aus, daß der Leiter des Werkes nichts von den Motoren verstünde und schon lange hintergangen würde, weil sonst die Maschinen durch das unsinnig heiße Arbeiten zugrunde gehen müßten.

Als der Verfasser den nächsten Tag dem Maschinenmeister Vorhalte über das unkorrekte Vorgehen machte, beteuerte dieser, daß er wiederholt versucht hätte, seinen Vorgesetzten für ein kühleres Arbeiten umzustimmen, aber leider jedesmal ohne Erfolg. Daß er aber überzeugt davon ist, wenn mit 70° Abflußtemperatur gearbeitet wird, wie das eben der Leiter verlangt, die Motore in kurzer Zeit ruiniert sein werden und er als Maschinenmeister, noch obendrein als vermeintlich Schuldtragender, seine Stelle verlieren könnte.

Tatsache ist, daß die Betriebsschwierigkeiten und Zerstörungen, die durch zu heißes Arbeiten verursacht werden, dem Dieselmotor mehr schaden, als durch bessere Wärmeausnützung bei sehr heißem Kühlwasserabfluß vorübergehend gewonnen werden kann.

Leider gibt es sehr viele Nichtpraktiker, die noch immer das Steckenpferd für äußerst hohe Abflußtemperaturen reiten, ohne auch nur daran zu denken, von Fall zu Fall genaue Beobachtungen über die Zweckdienlichkeit vornehmen zu lassen.

Wo eine Rückkühlanlage (Gradierwerk) vorhanden ist und ein steinbildendes Wasser verwendet wird, sollte man nicht unterlassen, auf Grund von fachmännisch-chemischer Untersuchung Vorschläge für die Verbesserung des Wassers einzuholen. Am besten wendet man sich in solchen Fällen an die Motorenfabrik oder deren Vertreter.

Das Kühlwasser kann dadurch bedeutend verbessert werden, daß man das Regenwasser von allen erreichbaren Dächern dem Kühlwasser zuführt.

Bei ortsfesten Motoren kommen galvanische Anfressungen durch das Kühlwasser äußerst selten vor. Andernfalls lasse man in die Kühlräume Zinkschutzplatten einbauen, wie das auch bei den Schiffsmotoren geschieht.

Über die notwendigen Reinigungsarbeiten wird unter Instandhaltungsarbeiten alles Wissenswerte ausgeführt.

VII. Reparaturen bei Dieselmaschinen.

1. Einleitung.

Außergewöhnliche oder frühzeitige Reparaturen werden durch die unrichtige Bedienung und Wartung der Maschine, aber hauptsächlich durch die folgenden Fehler verursacht:

1. Durch die Nichtausführung der periodisch notwendig werdenden Reinigungs- und Instandhaltungsarbeiten.
2. Durch Verwendung von ungeeignetem Schmieröl oder Brennstoff.
3. Durch schlechte Reinigung des Brennstoffes oder des gebrauchten Schmieröls.
4. Durch ungenügende Kühlung der Maschine.
5. Durch Überlastung.

Um eine größere Verbreitung des Dieselmotors zu begünstigen, wird nach wie vor darauf hingewiesen, daß für die Bedienung ein gelerntes Personal nicht vonnöten sei. Aber es kann leider noch nicht hinzugefügt werden, daß die Maschine auch leicht von jedem Schlosser (ich sage nicht von jedem Dorfschmied) instandgehalten und repariert werden kann.

Tatsache ist aber, daß für eine größere Verbreitung des Dieselmotors in Gewerbe und Landwirtschaft auch die leichte sowie billige Instandhaltung und Reparatur der Maschine eine der Hauptbedingungen darstellt.

Nur durch Beispiele und leicht verständliche Unterweisungen kann auf eine allmähliche Erfüllung dieser Bedingungen hingewirkt werden.

Damit ist natürlich nicht gemeint, daß Reparaturwerkstätten zur Herstellung komplizierter Bestandteile übergehen dürfen, denn beim Dieselmotor mehr als bei anderen Maschinen kommen Sondermateriale zur Verwendung, deren Bezug nur von der Fabrik volle Sicherheit gewährleistet.

Jedenfalls sind aber beim Dieselmotor die am häufigsten vorkommenden Störungen leichter Natur.

Am Ort befindliche Werkstätten sind heute schon dazu berufen, kleinere Reparaturen rasch, aber auch gut auszuführen, weshalb kein Schlosser am Dieselmotor uninteressiert vorübergehen soll. Große Ausbesserungen oder Generalüberholungen sowie das gelegentliche Überprüfen der Maschinen wird immer eine Aufgabe für die Dieselmonteure der Fabriken bleiben.

Leider gibt es überall Auchfachleute, die mit großer Kaltblütigkeit jedwede Reparatur übernehmen, wenn sie auch keine Kenntnisse dafür besitzen und eine ähnliche Arbeit vorher weder gemacht noch gesehen haben.

Aber besonders gefährlich bei selbständigen Reparaturen sind jene Leute, die weder eine Vorbildung noch eine langjährige Praxis in Dieselmotoren haben, wenn auch sonst Tüchtiges zu leisten verstehen, aber leider von der Manie befallen sind, jede Konstruktion zu verbessern oder einzelne Teile nach den Ausführungen, wie sie bei anderen Konstruktionen oder Maschinen gesehen wurden, abändern zu müssen.

Von den vielen Vorkommnissen, bei denen durch die Unerfahrenheit großer Schaden angerichtet wurde, sollen einige Beispiele hier angeführt werden.

Ein als tüchtig geltender Mechaniker glaubte zur Verschönerung und zur Vereinfachung der Anlage dadurch beitragen zu müssen, daß er am Einblasegefäß den Eintritt und Austritt verwechselte, damit die betreffenden Rohre im Kanal nicht gekreuzt werden mußten. Die am Einblasegefäßkopf vorhanden gewesenen Pfeile wurden abgemeißelt und dann mit roter Farbe Pfeile mit entgegengesetzter Richtung angemalt. Die Folge der Verwechslung war, daß das von der Einblaseluft mitgerissene Kondenswasser häufige Zündversager und auch ein Anrosten im Motor verursachte.

In einem anderen Falle konnte ein dreizylindriger Motor nach einer Reparatur trotz vielerlei Versuche nicht in Gang gebracht werden, worauf der Mechaniker die Brennstoffdruckrohre zwischen Brennstoffpumpe und Brennstoffventile mit Benzin füllte. Bei der darauffolgenden Inbetriebsetzung wurden alle drei Brennstoffventile an die Decke des Maschinenraumes gefeuert, wobei man noch von Glück reden durfte, daß von den herumstehenden Leuten niemand verletzt wurde.

Ein Herr, der sich allgemein als Ingenieur ausgab und sich Nichtfachleuten gegenüber den Anschein zu geben wußte, als ob er vom Dieselmotor sowohl theoretisch als auch praktisch etwas verstünde, leitete die Reparatur eines größeren liegenden Dieselmotors.

Leider haben die Treibstangenschrauben, das heißt nicht die alten, sondern die neu angefertigten, den Motor am dritten Betriebstage für immer erledigt und auch den großen Motorenfachmann zu Fall gebracht. Die Sache kam so: Der Herr besah sich die ein Jahr im Betriebe gewesenen Treibstangenschrauben und fand, daß das feine Gewinde schon etwas gezogen war. Natürlich wurde das Material von der Fabrik als zu weich befunden und in einer Werkstätte Schrauben aus hartem Stahl bestellt. Diese Schrauben sind dann am dritten Betriebstage in Stücke gesprungen, wobei der Kolben durch das Freiwerden der Treibstange mit solcher Wucht an den Zylinderdeckel anprallte, daß der Zylinder abriß. Durch das Weiterlaufen des Schwungrades und das Anschlagen der Gegengewichte an die in die Grundplattenmulde gefallenen Lagerteile, wurde der Motor restlos zertrümmert.

In eine neue Zylinderbüchse mußten die Ölzuführungslöcher gebohrt werden. Weil aber ein passender Bohrer nicht vorhanden war, hatte man in die neue Zylinderbüchse ganz einfach größere Löcher gebohrt, aber dann doch keine Düsenplättchen mit kleinerem Durchmesser eingesetzt. Die Folge waren schlechte Ölverteilung und Anfressen des Kolbens.

Bei einem Motor war die Schmierung des Kolbenzapfenlagers von beiden Seiten des Zapfens vorgesehen und zu diesem Zwecke der Zapfen im Zentrum der Länge nach durchgebohrt. Diese Bohrung wurde in der Mitte des Zapfens durch ein vertikales Loch durchquert, dessen eine Öffnung in die Mitte der unteren, dessen andere Öffnung in die Mitte der oberen Lagerhälfte mündete. Der ideenreiche Leiter eines Werkes, der an jeder Konstruktion etwas auszusetzen hatte, ließ gleich bei zwei Kolbenzapfen die Löcher, die nach unten führten, verschließen und bildete sich ein großes Stück auf diese Verbesserung ein, weil er fest davon überzeugt war, das Öl müßte so an der höchsten Stelle des senkrechten Loches austreten und den ganzen Zapfen von obenherumspülen. Das Öl hat ihm aber den Gefallen nicht getan, sondern ist bei den tiefer gelegenen, seitlichen Öffnungen, wo es hineingespritzt wurde, wieder zurück- und hinausgelaufen. Die Folge von dieser Verbesserung war: Auslaufen des Weißmetalls in beiden Kolbenzapfenlagern und Kolbenfressen in einem Zylinder.

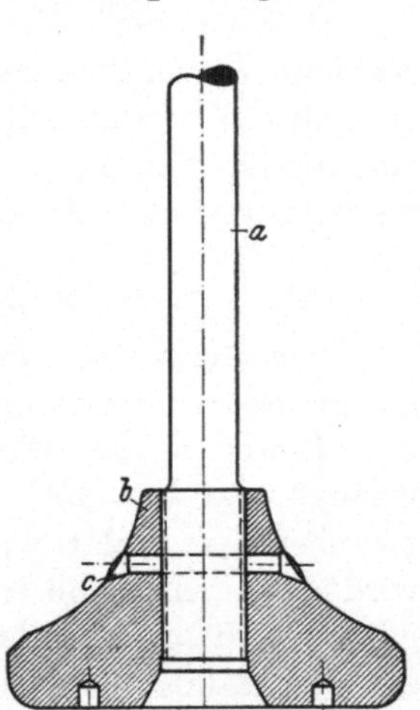

Abb. 36. Auspuffventil. *a* Ventil, *b* Ventilkegel (Gußeisen), *c* Sicherungsstift.

Zum Schlusse noch eine famose Neuerung von einem zwar tüchtigen, aber allzu erfinderischen Mechaniker. Bekanntlich sind die Auspuffventilkegel aus Gußeisen und in den meisten Fällen nach Abb. 36 und 18 am Ventilschaft befestigt. Gegen eine mögliche Lockerung oder das Hineinfallen des Ventilkegels in den Zylinder hatte der Mechaniker eine Befestigungsart nach Abb. 37 erdacht und auch gleich bei einem Zweizylindermotor von 200 PS ausgeführt. Begeistert über die glückliche Lösung des Problems hatte der Mechaniker schon an anderen Orten für die gleiche Änderung Propaganda gemacht, als ihn die Hiobsbotschaft vom Schauplatz seiner früheren Erfindertätigkeit erreichte. Der Motor ist nämlich nach kurzer Zeit häufig wie auf einen Schlag stehengeblieben, weil während des Auspuffhubes die verbrannten Gase nicht entweichen konnten, denn der Ventilkegel hatte sich von der Spindel gelöst und wurde durch den

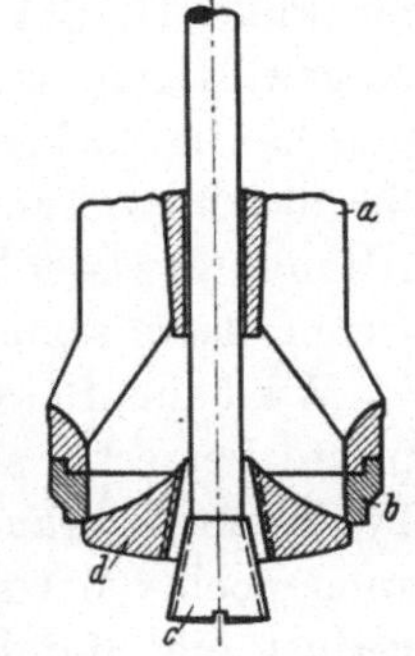

Abb. 37. Verfehlte Ventilkonstruktion. *a* Ventilgehäuse, *b* Ventilsitz, *c* Ventilspindel, *d* Ventilkegel.

vorhandenen Druck auf dem Sitz im Gehäuse festgehalten, während die Ventilspindel allein gesteuert wurde.

Durch diese Erfindung sind zwei neue Zylinderdeckel gesprungen und unbrauchbar geworden.

Die Liste von solch bedauerlichen Vorfällen könnte noch vermehrt werden. Hoffentlich genügt aber das Angeführte, um manchen Nichtspezialisten vor übereilten Handlungen zu warnen und manchen Motorenbesitzer im eigenen Interesse von der Zustimmung zu unrichtigen Reparaturen oder Änderungen abzuhalten.

2. Grundplatte und Ständer.

Auch wenn das Fundament gut gebaut und ausgezeichnet ausgegossen oder unterstampft wurde, kann nach längeren Betriebsjahren eine Bewegung der Grundplatte vorkommen, wenn Öl in das Innere gelangt und von dort durch die unteren Kernlöcher sich allmählich zwischen Grundplatte und Fundament verteilt. Der Zementunterguß wird dann nach und nach mürbe gemacht und ganz zersetzt, wobei natürlich die gute Auflage der Grundplatte verlorengeht. Sobald aber eine Bewegung der Grundplatte eingetreten ist, schreitet die weitere Zerstörung der Auflage um so rascher fort, weil die Bewegung und die damit verbundene, abwechselnde Pressung des Öles unter der Grundplatte eine stete Bespülung oder Auswaschung der Auflage verursacht.

Bei jeder Grundplattenkonstruktion, wo größere Kernlöcher nach oben vorgesehen sind und durch Platten, Deckel oder gar nur durch die Füße der Ständer verschlossen werden, ist ein Eindringen des Öles zu gewärtigen, wenn diese Öffnungen nicht peinlichst genau abgedichtet und häufig nachgesehen werden. Denn sowohl durch die Vibration und die damit verbundene Lockerung der Verschlüsse wie auch durch die Atmung gewisser Teile während des Betriebes ist durch Öleintritt in die Grundplatte schon oft großer Schaden angerichtet worden.

Wird eine Bewegung und das Vorhandensein von Öl unter der Grundplatte bemerkt, so hat das Nachziehen der Muttern der betreffenden Fundamentschrauben nicht nur keinen Zweck, sondern es wird dadurch auch noch die Grundplatte verspannt. Es sollen vielmehr ohne Zeitverlust die Ständer abgenommen und die vorhandenen Kernlochverschlüsse entfernt werden, um so die Hohlräume in der Grundplatte untersuchen und den Öleintritt feststellen zu können.

Das im Hohlraum der Grundplatte befindliche Öl ist mit der Ölspritze aufzusaugen, der Raum zu reinigen und die Wände sind abzutrocknen. Hierauf ist an der geeigneten Stelle ein Kanal in das Fundament zu meißeln, bis man den Herd der Ölansammlung erreicht, um dann den größten Teil des vom Öl durchtränkten Materials zu entfernen.

Hernach wird die Grundplatte mit gewaschenem Sand und gutem Zement im Verhältnis 1 zu 1 gut ausgegossen bzw. unterstampft.

Damit aber ein späterer Öleintritt in die Grundplatte nicht mehr Schaden verursachen kann, werden auch die Hohlräume so ausgefüllt, daß die Oberfläche der Füllung ein starkes Gefälle nach der Außenseite der Grundplatte bildet. Die Oberfläche dieser Füllung wird verputzt und glatt gestrichen und nach erfolgter Trocknung gut geteert. Nach der tiefsten Stelle des verbleibenden Hohlraumes wird von der Außenseite der Grundplatte ein Loch gebohrt, damit etwa eintretendes Öl sofort nach außen in den Ölfänger der Grundplatte ablaufen kann.

Trotz dieser Vorkehrung sollen die Abdichtungen der oberen Kernlöcher nicht vernachlässigt werden.

Ist jedoch ein größerer Teil des Fundamentes an der unmittelbaren Auflagefläche für die Grundplatte vom Öl durchtränkt, so muß die Grundplatte abgehoben und das Fundament abgemeißelt werden, bis die Ölspuren im Material ganz verschwinden. Bei der teilweisen Erneuerung des Fundamentes muß für eine äußerst gute Verbindung des neuen Materials mit dem stehengebliebenen Fundament gesorgt werden. Schließlich soll dann auch die gleiche Vorkehrung für den Ölablauf nach außen getroffen werden, wie das vorhin angegeben wurde. Selbstverständlich ist es auch notwendig, daß der äußere Verputz um die Grundplatte herum so ausgeführt wird, daß auch dort Stehenbleiben oder Eindringen des abspritzenden Öles nicht stattfinden kann.

Findet man bei Wiederholung einer Montage, daß sich die Grundplatte deformiert hat, so ist es nicht angezeigt, mit den Fundamentschrauben gewaltsam gerade zu spannen, weil dieses Vorgehen eine spätere Lockerung und Bewegung der Grundplatte begünstigen würde. Bei der Montage einer deformierten Grundplatte soll die beste Lage mit der Wasserwage gesucht werden, die Abweichung oder die deformierte Stelle wird dann ausgeglichen, indem man den betreffenden Ständer am Fuße abfeilt, bis eine genau senkrechte Stellung des Zylinders erreicht wird. Dies kann durch ein entsprechendes Senkblei und genaues Messen festgestellt werden. Selbstverständlich ist darauf Rücksicht zu nehmen, daß der Fuß des Ständers wieder mit der ganzen Fläche an der Grundplatte aufliegt und die Kurbelwelle sich genau in Wasserwage befindet.

Diese Arbeit ist durchaus nicht so langwierig und schwer, wie es den Anschein hat und ist außerdem die einzig richtige Lösung.

In manchen Fällen ist im Betriebe ein Klopfen vorgekommen, und der Fehler wurde trotz eifrigen Suchens nicht gefunden, weil man mit einer Deformierung, die einen oder auch mehrere Zylinder aus der lotrechten Stellung brachte, nicht rechnete.

In solchen Fällen ist nur auf die vorerwähnte Weise der Fehler zu beheben.

3. Erneuerung des Weißmetalls, Drehen und Anpassen der Lager.

Wenn auch nur ein einziges Grundplattenlager gelitten hat oder aus irgendeinem Grunde tiefer liegt als die anderen Lager, so wird die Kurbelwelle an dieser Stelle bei jeder Umdrehung eine Durchbiegung erleiden, so daß nach Monaten oder auch erst nach Jahren, je nach dem Grade des Durchbiegens, ein Bruch der Kurbelwelle mit Bestimmtheit zu erwarten ist.

Bei den periodisch vorzunehmenden Instandhaltungsarbeiten hat der Maschinist genügend Gelegenheit, sich von der guten Auflage der Kurbelwelle zu überzeugen. Aber auch im Betriebe kann man eine schlechte Auflage am Springen der Kurbelwelle oder an dem Schlagen des Schwungrades bemerken. Bei zugänglichen Ringschmierlagern kann man mit einem Bleistift, Lineal usw. die Bewegung der Welle in jeder Lagerstelle beobachten, indem man den betreffenden Gegenstand durch die im Deckel befindliche Öffnung an die laufende Welle drückt und dabei die Auf- und Abbewegung beobachtet. Überschreitet die Bewegung das normale Lagerspiel, so ist anzunehmen, daß es in der unteren Lagerschale an der nötigen Auflage fehlt, denn der obere Teil des Lagers wird fast nie abgenützt oder sonst in Mitleidenschaft gezogen. Es kann natürlich auch vorkommen, daß die Welle im allgemeinen zuviel Spiel in den Lagern hat, worauf dann unter Berücksichtigung einer guten Auflage in den unteren Lagern das Spiel auf rd. 0,2 mm zu verringern ist, was man durch Bleidrahtabdrücke, die zwischen der Welle und der oberen Lagerschale in gleicher Verteilung vorgenommen werden, leicht feststellen kann.

Bei angeschmorten oder ausgelaufenen Lagern muß das Weißmetall so schnell als möglich erneuert werden. Erhöhen der Lager durch Unterlegen von Blechstreifen empfiehlt sich auf keinen Fall, macht auch sehr viel Arbeit und wird stets ungenau und von fragwürdiger Dauerhaftigkeit sein.

Mit zu den schwersten und heikelsten Aufgaben gehört aber bei Erneuerung des Weißmetalls eines Grundplattenlagers das richtige Drehen und Einpassen der unteren Lagerschale, zumal in solchen Fällen ein vollkommener Abbau der Maschine zwecks Auflegen der Kurbelwelle auf die unteren Lagerschalen nicht vorgenommen werden kann. Im allgemeinen werden Reparaturen dieser Art, in Unkenntnis einer bewährten Arbeitsmethode, teuer und schlecht ausgeführt.

Wird das Weißmetall bei einem oder mehreren Grundplattenlagern erneuert, so ist es zwecklos, auch die oberen Lagerschalen auszugießen, wenn das Weißmetall nicht gelitten hat. Das praktische Ausgießen nur der unteren Lagerschale wird folgendermaßen vorgenommen:

Es wird ein passender Kern aus genügend starkem Eisenblech für eine Lagerhälfte vorbereitet und später eingeschraubt, wie das in Abb. 38 ersichtlich ist. Durch Zwischenlegen von Asbeststreifen kann an den beiden Auflageflächen eine gute Abdichtung erzielt werden.

Die Lager aus Schmiedeeisen, Bronze oder Stahl werden gut angewärmt und verzinnt, hingegen soll man die Graugußlager ebensogut anwärmen und die vom Weißmetall zu berührende Fläche mit Salzsäure abpinseln oder abbürsten. Alle Löcher und Räume, die vom Weißmetall nicht ausgefüllt werden sollen, müssen sorgfältig verstopft bzw. mit Lehm oder Asbest ausgefüllt werden.

Der Lehm muß natürlich getrocknet und auch das Kernblech gut angewärmt werden. Das Lager wird dann auf einer geraden Fläche oder Richtplatte aufgestellt und bis zum Ausgießen durch eine oder zwei Lötlampen in gleichmäßiger Wärme erhalten.

Schon während des Anwärmens des Lagers wird das Weißmetall langsam geschmolzen, wobei sehr darauf zu achten ist, daß die Temperatur von 300° C nicht überschritten wird. Die richtige Temperatur ist erreicht, sobald ein in das flüssige Metall getauchter weißer Papierstreifen kaum hellbraun wird. Beim Ausgießen muß eine etwaige Öffnung sofort verstopft oder mit Lehm versperrt werden. Man soll dann das natürliche Erkalten des Lagers abwarten und nicht durch Wasser abkühlen.

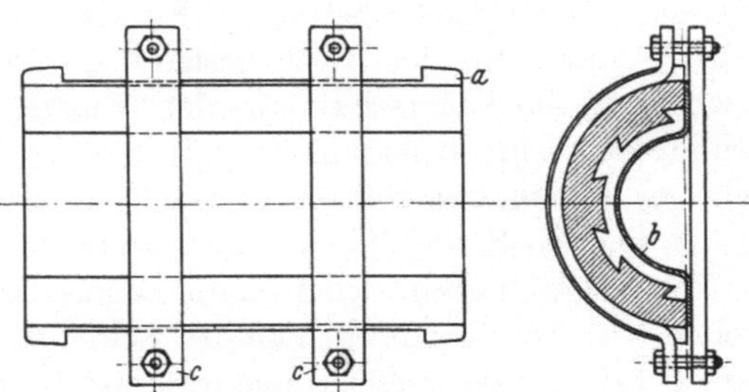

Abb. 38. Vorbereitung zum Ausgießen einer Lagerhälfte. *a* Lagerschale, *b* Kernblech, *c* Spanneisen.

Beim Drehen wird dann folgendermaßen vorgegangen: Das Lager wird nicht an die Planscheibe der Drehbank, sondern auf den Transportschlitten aufgespannt und das Weißmetall mit Hilfe einer sogenannten Bohrstange, die man zwischen die Körner nimmt, gedreht. Zu diesem Zwecke dreht man sich mit der gleichen Bohrstange ein Futter aus Hartholz, in das die äußere Rundung des Lagers ganz genau hineinpassen muß. Sollte die Drehbank nicht die notwendige Spitzenhöhe aufweisen, so kann man unter Spindel und Reitstock entsprechende Unterlagen aus Eisen oder Holz legen.

Um ganz genau und praktisch zu arbeiten wird noch vor Abnahme des Supports eine Achse oder Spindel von der gleichen Länge der Bohrstange oder die Bohrstange selbst mindestens auf die Lagerlänge so lange überdreht, bis durch die Einstellung des Reitstockes ein ganz genau zylindrisches Drehen erreicht wird.

Das Hartholz, das als Futter oder Sitz für die Lagerschale verwendet wird, soll unten und an einer Längsseite gerade sein. Auch ist es von Vorteil, wenn das Holz gleich etwas kürzer abgeschnitten wird, als die Auflagenlänge der Lagerschale ausmacht.

Am Schlitten wird ein Anschlag angebracht, an den die gerade Seite des Holzes angelegt wird. Zwischen den Schlitten und das Hartholz legt man 0,1 bis 0,2 mm dickes Instrumentenblech und schraubt dann das Holz fest, wobei darauf zu achten ist, daß die gerade Seite gut am Anschlag anliegt und auch das Holz selbst beim Anschrauben nicht verspannt wird.

Nun wird das Holz gedreht, bis ein Radius erreicht wird, in den der äußere Sitz der Lagerschale ganz genau hineinpaßt. Dann werden die Instrumentenblechunterlagen entfernt und das Futter unter Andrücken an die Anschlagleiste wieder wie vorhin festgeschraubt.

Jetzt erst wird die Lagerschale in das Futter gelegt und mit zwei Spannschrauben leicht befestigt. Es wird nun bis auf etwa 1 mm vorgedreht und dann der frisch geschliffene Drehstahl genau eingestellt, indem man die Lagerschale aus dem Futter herausnimmt und aus der Grundplatte eine benachbarte guterhaltene Lagerschale einbaut. Bei richtiger Einstellung soll die Schneide des Drehstahles das Weißmetall an der tiefsten Stelle dieses Lagers kaum merklich berühren.

Nun wechselt man wiederum die Lagerschalen und nimmt das Fertigdrehen vor. Die Rundungen an den Seiten des Lagers werden mit einem Fassonstahl gedreht; es ist genau darauf zu achten, ob es sich um das Paßlager handelt oder wieviel Spiel für die Wellenausdehnung gelassen werden soll. Es ist am besten, schon vor dem Ausschmelzen des alten Lagermetalls sowohl die ganze Länge des Weißmetalls wie auch den Abstand von jeder Außenseite des Lagers aufzuschreiben.

Durch das Drehen des Lagers auf die angegebene Art, wird nicht nur das Lager ausgezeichnet zentriert und ein Verspannen oder Übergehen vermieden, sondern es schließt auch ein Höher- oder Tieferliegen des Lagersitzes aus, da durch die Berücksichtigung des abgenutzten Weißmetalls in den anderen Lagern die gleiche Höhe erzielt wird, was natürlich durch Abmessen der Wellenstärke und das Ausdrehen des Lagers auf dieses Maß niemals möglich wäre.

Außerdem kann durch das Tieferlegen des Futters — wegen der Fortnahme der Instrumentenbleche — ein größerer Radius in das Weißmetall gedreht werden, wodurch, ohne zu schaben, ein gleichmäßig verteiltes Spiel und eine sofortige sichere Auflage der Welle im Grunde des Lagers erzielt wird.

Diese und noch andere wichtige Vorteile wird sich jeder Monteur und Maschinenmeister sofort zunutze machen, wenn er weiß, daß diese Vorteile durch die angeführte Arbeitsmethode leicht erreicht werden können.

Nach dem Fertigdrehen des Lagers wird an der betreffenden Lagerstelle der Welle ein leichtes Auftuschieren vorgenommen, dann die Welle sowie das Lager gut gereinigt und dieses mit einem Mitnehmer, wie in Abb. 14 ersichtlich, eingebaut.

Wichtig ist auch, daß die Lagerschalen außen nicht verschlagen sind und daß beim Einbau kein Schmutz zwischen Grundplatte und Lager gelangt. Nötigenfalls wird das Lager in den Grundplattensitz einretuschiert.

Nach dem Einbau eines neuen Lagers wird die Kurbelwelle einige Male herumgedreht, die Lager werden auf gute Auflage untersucht und kontrolliert, ob die Welle in Wasserwage liegt.

Die Lagerschale mit dem neuen Weißmetall muß auf jeden Fall wieder ausgebaut werden, um die Auflage zu beobachten und u. U. durch Nachschaben eine Verbesserung herzustellen.

Bei Erneuerung des Weißmetalls in allen Grundplattenlagern sollen natürlich auch nur die unteren Lagerschalen ausgegossen und genau wie angegeben gedreht werden, was schon beim Zentrieren, wie auch beim Drehen und erst recht beim Einpassen der Kurbelwelle bedeutende Zeitersparnis und eine viel größere Genauigkeit ergibt. Auch ist es bei dieser Arbeitsweise möglich, daß man die Auflage in allen Lagern ganz genau im selben Ausmaße höher lassen und doch die gewünschte Bohrung ausführen kann, so daß die Welle in den Lagern nicht klemmt, sondern sofort am Grunde aufliegt.

Sind in irgendein Lager Schmiernuten einzumeißeln, oder einzuschaben, so sollen diese Nuten grundsätzlich so ausgeführt werden, wie dies ursprünglich der Fall war. Es ist unzulässig, eine bestimmte Ölverteilung oder Form von Schmiernuten bei allen Konstruktionen in gleicher Weise anwenden zu wollen. Die Schmiernuten sollen sehr vorsichtig und nur allmählich durch leichte Schläge ausgemeißelt werden, um das Weißmetall nicht zu dehnen oder zu lockern. Da beim Meißeln das Weißmetall auch neben den Nuten etwas aufgetrieben oder gestaucht werden kann, empfiehlt es sich, die Lager nach Fertigstellung der Nuten wieder in das Holzfutter der Drehbank zu spannen und ganz fein überzudrehen.

Wichtig ist bei Erneuerung des Weißmetalls einer oder mehrerer Grundplattenlagerschalen, daß wieder eine ganz gleiche Qualität von Weißmetall verwendet wird, wie in den anderen Lagerschalen vorhanden ist.

Auch bei Erneuerung des Weißmetalls in allen unteren Grundplattenlagern vermeide man die Verwendung verschiedenen Metalls. Das alte, noch brauchbare Metall von den Grundplattenlagern kann später zum Ausgießen der Treibstangenlager verwendet werden.

Nachdem es so vielerlei Klassen von Weißmetall gibt, sollte man, um sicher zu gehen, überhaupt nur Weißmetall von der betreffenden Baufirma verwenden.

Mit angepriesenen Weißmetallegierungen, die gelegentlich in Werkstätten oder Gießereien ausgeführt wurden, sollen auf keinen Fall die Grundplattenlager ausgegossen werden.

Beim Ausgießen und Drehen von Kurbelzapfenlagern kann in gleicher Weise vorgegangen werden, wie das bei den Grundplattenlagern beschrieben wurde. Beim Kurbelzapfenlager wird nur die obere Hälfte beansprucht und abgenutzt, weshalb man das wiederholte Ausgießen und Drehen der unteren Lagerhälfte vermeiden kann.

Sind bei den in Betracht kommenden Kurbellagern Schalen nicht vorhanden, so wird noch vor dem Ausgießen die flache Seite der oberen Lagerhälfte auf den Drehbankschlitten gespannt, mittels Drehstahl und Bohrstange zentriert und dann mit den nötigen Anschlägen gegen ein Verrücken versehen, um so das spätere richtige Aufspannen ohne ein nochmaliges Zentrieren möglich zu machen.

Beim Zentrieren kann man auch die Lagerhälfte nach Belieben tiefer stellen und später ein Größerdrehen um annähernd die gleiche Differenz vornehmen, wodurch man mit dem Schaben gleich am Grunde des Lagers beginnen und deshalb genauer und leichter einpassen kann.

Aber alle Lager und besonders die für Kurbel- und Kolbenzapfen müssen an den Rändern durch einen schmalen Streifen rundherum gut abschließen, damit das Öl nicht gleich abfließt oder abspritzt, sondern durch die stattfindende Stauung zu einer guten Verteilung und zur reichlichen Schmierung des Lagers beiträgt. Die Lager sowie die vorhandenen Weißmetallbeilagen dürfen deshalb an den Lagerrändern nicht freigeschabt werden.

Beim Schaben und Auftuschieren des Lagers muß nicht nur auf eine gute Auflage, sondern auch darauf gesehen werden, daß die Seite, die an die Treibstange kommt, mit der Wage des Kurbelzapfens übereinstimmt, d. h., ganz genau in Wasserwage liegt.

Auch muß berücksichtigt werden, daß das Lager nicht in den Hohlkehlen des Zapfens tragen darf, da dieser sonst warm läuft. Das seitliche Spiel des Lagers soll etwa 1 mm betragen, was man durch Verschieben des Lagers mit einem Schraubenzieher feststellen kann.

Das Lagerspiel, das für die Ausdehnung des Zapfens und den Ölumlauf notwendig ist, soll je nach dem Durchmesser bis zu 0,2 mm betragen. Dieses Spiel wird am besten in der Weise eingestellt, daß man die beiden Lagerhälften mit so viel Beilagen zusammenschraubt, daß das Lager zwar kein Spiel mehr aufweist, sich aber doch noch drehen läßt. Dann wird für das richtige Spiel auf jeder Seite ein entsprechend starkes Instrumentenblech beigelegt.

Bei den Grundplattenlagern kann das Spiel in gleicher Weise eingestellt werden, nur muß man bei jedem Lager durch Entfernung von

Beilagen und Drehen der Kurbelwelle ausprobieren, wann ein Anpressen der oberen Lagerschale beginnt.

Ein neu ausgegossenes Lager muß nach der ersten Inbetriebsetzung durch längere Zeit befühlt und beobachtet werden, ob es sich nicht übermäßig erwärmt. Ist ein Befühlen wegen der Unzugänglichkeit des Lagers nicht möglich, so ist die Maschine nach kurzer Zeit oder sofort nach dem Aufladen der Druckluft stillzusetzen, um sich über das gute Arbeiten des Lagers vergewissern zu können. Bei Erneuerung des Weißmetalls eines Kolbenzapfenlagers oder bei neuerlichem Zusammenpassen sowie Verringerung des Spiels ist jedesmal in der angegebenen Weise vorzugehen.

Beim Kolbenzapfenlager ist auch noch darauf zu achten, daß an jeder Seite des Lagers noch ein kleiner Abstand von der Kolbennabe bestehen bleibt. Ein festes Anliegen des Lagers an einer Nabe darf auf keinen Fall vorkommen, weil dadurch der Kolben auf eine Seite der Zylinderwand gepreßt wird, wodurch eine größere Reibung und u. U. Kolbenfressen eintreten kann.

Findet während des Betriebes in der Längsrichtung der Kurbelwelle ein Ausschlagen oder eine Bewegung statt, so ist das auf die seitliche Abnützung des Paßlagers zurückzuführen.

Das Paßlager, das die Hin- und Herbewegung der Welle verhindern soll, kann sowohl an der Schwungradseite, in der Mitte, oder auch beim Schraubenrad angeordnet sein. Das Paßlager darf unter keinen Umständen an einen anderen Platz verlegt werden.

Das Paßlager muß, wie dies der Name sagt, ohne seitliches Spiel zwischen die Bünde an der Kurbelwelle eingepaßt sein, während bei den anderen Lagern zwischen jedem Bund und Lager so viel Spiel vorhanden sein muß, daß die Wellenausdehnung ein Anpressen und somit ein Heißlaufen nicht verursachen kann.

Ist das Paßlager nur an den Seiten abgenützt, so kann Weißmetall autogen aufgeschweißt und dann das Lager auf die genaue Länge abgedreht werden. Beim Anschweißen von Weißmetall achte man darauf, daß die Auflagefläche des Lagers nicht beschädigt wird.

Bei horizontalen Steuerwellen ist das Paßlager gewöhnlich neben dem Schraubenrad angeordnet. Eine seitliche Bewegung der Steuerwelle verursacht einen unruhigen Gang und führt durch das Stoßen zur raschen Abnützung der Schraubenräder und anderer wichtiger Teile, weshalb der Fehler sofort behoben werden soll. Ist ein anderer Behelf zum Nachstellen oder zur Verhinderung der Bewegung der Steuerwelle nicht vorhanden, so muß das Weißmetall des Paßlagers angeschweißt oder ganz erneuert werden.

Bei den Steuerwellenlagern soll man kein zu großes Spiel entstehen lassen, weil sonst die Welle zu viel springt und dadurch die Lager ungleich und rasch abnutzen.

Beim Zusammenfeilen von Lagern soll immer nur an der Deckelseite des Lagers gefeilt und dann die Fläche an die andere Lagerhälfte genau aufgepaßt werden. So wird z. B. bei Grundplatten und Kolbenzapfenlagern immer nur die obere und bei Kurbelzapfenlagern nur die untere Hälfte des Lagers gefeilt.

Bei den Lagern der Regulatorwelle kommt es äußerst selten zu Reparaturen, wenn die unter Instandhaltungsarbeiten angegebene Reinigung des Spurlagers und der rechtzeitige Ölwechsel vorgenommen wird.

Sollte aber eine Lagerreparatur notwendig werden, so ist beim Zusammenbau auch darauf zu achten, daß die Welle senkrecht zu stehen kommt und die unteren, wie auch die oberen Schraubenräder ein kaum merkliches Spiel in den Zähnen aufweisen. Beim Ausbau der Regulatorwelle ist zu untersuchen, ob der Spurzapfen und die Spurplatte, auf denen das ganze Gewicht der Regulatorwelle ruht, eine tadellos glatte Lauffläche aufweisen. Rauhe und angefressene Stellen sind abzuschleifen und zu polieren. Sollten jedoch die Laufflächen zu weich sein, so müßten die Teile ausgewechselt oder gehärtet werden.

Kommt die Regulatorwelle merklich tiefer zu stehen, so ist unter die Spurplatte eine entsprechende Beilage zu geben, so daß die Mittellinien der Schraubenräder wieder übereinstimmen.

Beim Einbau der Regulatorwelle muß natürlich darauf gesehen werden, daß die Zähnebezeichnungen bei den oberen und unteren Schraubenrädern, wieder ganz genau zusammentreffen. Da die Regulatorwelle nicht einfach hineingestellt oder angebaut, sondern erst durch eine allmähliche Drehung an ihren Platz gebracht werden kann, so müssen die Zeichen schon bei Beginn des Ineinandergreifens der Räder genau eingestellt werden.

Ist bei gutem Zustande der Schraubenräder die Regulatorwelle richtig eingebaut und haben Schraubenräder wie Lager nur das nötige Spiel, so wird ein geräuschvoller, zitternder Gang nicht vorkommen.

4. Behandlung ovaler Kurbelzapfen.

Eine besondere Abnützung des Kurbelzapfens findet an der Stelle statt, wo durch die Übertragung der großen Drücke das Treibstangenlager auf den Kurbelzapfen stark angepreßt wird, was während der Kompression, Verbrennung und Ausdehnung der Fall ist.

Die durch Unregelmäßigkeiten vorkommenden abnormal hohen Drücke während des Anlassens und der Verbrennung, sowie die Verwendung von schlecht filtriertem Schmieröl sind die Hauptursachen für das rasche Unrundwerden des Kurbel- und auch des Kolbenzapfens.

Es ist sehr leicht, oval gewordene Kolbenzapfen auf der Drehbank wieder rund zu schleifen.

Man kann aber nicht verlangen, daß wegen eines ovalen Kurbelzapfens die Kurbelwelle ausgebaut und dorthin verschickt werden soll, wo eine geeignete Drehbank zum Abschleifen vorhanden ist.

Ohne Ausbau der Kurbelwelle ist aber bei den meisten Motoren eine geeignete Zugänglichkeit zum Rundfeilen und zum genauen Messen des Kurbelzapfens nicht vorhanden. Deshalb ist es ratsam, den unrund gewordenen Kurbelzapfen schon zu schleifen, bevor noch eine größere Differenz, die ein Feilen notwendig machen würde, eintritt.

Ein unrunder Kurbelzapfen wird am besten durch genau passende Schleiffutter oder Schleifbacken abgeschliffen. Zu diesem Zwecke läßt man sich aus Hartholz ein für den Durchmesser passendes zweiteiliges Lager, das aber um 1 bis 2 cm kürzer sein muß als der Kurbelzapfen, drehen.

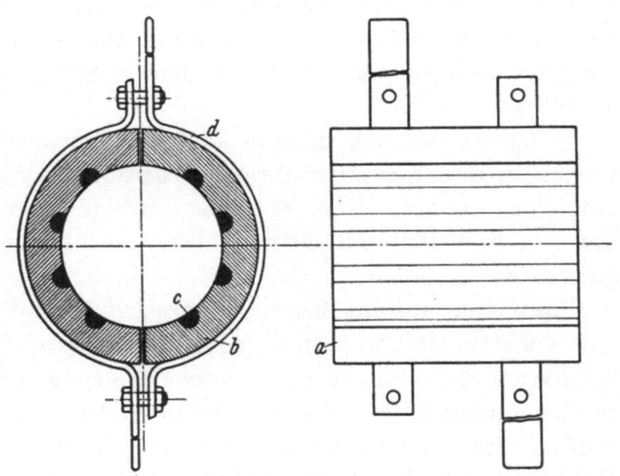

Abb. 39. Lager zum Rundschleifen ovaler Kurbelzapfen.
a Lagerhälfte, *b* Lager geschnitten, *c* Bleifüllung, *d* Schelleisen.

Für das Zusammenziehen der beiden Hälften sollen vier Schrauben angeordnet sein. Vor dem Drehen soll an einer Stirnseite der zu drehende Durchmesser aufgetragen werden, um dann geeignete Löcher, deren Zentrum sich etwas außerhalb dieses Kreises befinden muß, auszubohren und mit Blei auszugießen, wie das in Abb. 39 ersichtlich ist. Dies hat den Zweck, daß sich beim Schleifen der Schmirgel in die vorhandenen Bleiadern eindrückt, sich nicht so leicht zerreibt und so zum besseren und schnelleren Schleifen beiträgt.

Beim Schleifen ist dann die Kurbel so zu stellen, daß die abgenützte Fläche des Zapfens nach oben steht. Am Kurbelzapfen wird dickflüssiges Zylinderöl oder konsistentes Fett gut verteilt aufgetragen und nur die Fläche im unteren Schleifholz mit Schmirgel oder Karborundumpasta bestrichen, um dann beide Teile gleichmäßig und ohne sie herumzudrehen, leicht anzuziehen.

Zum leichteren Schleifen können der Bewegungsmöglichkeit angepaßte oder verstellbare Verlängerungen aus Flach- oder Rundeisen an den Schrauben befestigt werden.

Beim Schleifen soll man vorerst keine ganze Umdrehung ausführen, sondern auf jeder Seite nur so hoch ausschwingen, daß der untere, mit

Schmirgel versehene Teil immer etwas über die abzuschleifenden Stellen des Zapfens gelangt. Außerdem muß bei diesem Vor- und Zurückdrehen auch stets eine Bewegung in der Zapfenrichtung ausgeführt werden, damit die Schmirgelkörnchen immer auf einen anderen Platz gelangen und keine Rillen verursachen.

Nachdem das Schleifen so eine Weile fortgesetzt wurde, reinigt man den Zapfen und die Schleifhölzer, um dann bei leichtem Zusammenschrauben ohne Schmirgel einige ganze Umdrehungen zwecks Bezeichnung der noch abzuschleifenden Stellen auszuführen.

Sobald man bemerkt, daß nur mehr ganz kleine Flächen vorhanden sind, bei denen eine Berührung oder Bezeichnung nicht stattfindet, kann man dann das Schleifen durch ganze Umdrehungen fortsetzen. Im gegenteiligen Fall wird mit neuem Schmirgel wie vorhin weitergeschliffen.

Selbstverständlich müssen auch bei ganzen Umdrehungen die Bewegungen in der Zapfenrichtung ausgeführt werden, damit keine Rillen entstehen können. Zum Schlusse wird dann gut gereinigt und durch längeres Schleifen mit einer Poliermasse eine möglichst glatte Fläche geschaffen.

Sollte bei einer größeren Differenz doch mit einer feinen Schlichtfeile vorgearbeitet werden, so sind durch öfteres Messen und durch Auftuschieren einer Schale mit genauer Bohrung die jeweils abzufeilenden Stellen ausfindig zu machen. Beim Feilen muß sehr darauf geachtet werden, daß man an keiner Stelle eine Vertiefung verursacht und die Hohlkehlen an der Seite nicht verletzt.

5. Auswechseln von Treibstangenschrauben.

Die größten Zerstörungen bei Dieselmotoren werden stets durch Treibstangenschraubenbruch verursacht.

Es ist aber nicht möglich, die Verwendbarkeit der Schrauben auf eine bestimmte Zeit vorauszusagen, weil die Dauerhaftigkeit von der verschiedenen Behandlung und Beanspruchung abhängig ist. So wird z. B. die Lebensdauer der Schrauben herabgemindert durch zu starkes Anziehen, durch Lockerung der Muttern im Betriebe, durch zu großes Lagerspiel, dadurch, daß Schraubenkopf und Mutter nicht an der ganzen Auflagefläche tragen, wodurch eine einseitige Beanspruchung des Materials entsteht, durch Heißlaufen der Lager und schließlich durch Anfressen des Kolbens.

Durch Kolbenfressen werden die Treibstangenschrauben am meisten beansprucht und gefährdet, weshalb es ratsam erscheint, nach stattgehabtem Kolbenfressen die Schrauben sobald wie möglich auszuwechseln.

Bei normalem Betriebe wird die Auswechslung der Treibstangenschrauben alle fünf Jahre genügende Sicherheit gegen vorkommenden Schraubenbruch gewähren.

Man lasse sich nicht dazu verleiten, neue Schrauben in irgendeiner Werkstätte aus zufällig vorhandenem oder gar gebrauchtem Material anzufertigen, sondern bestelle die Schrauben stets bei der betreffenden Baufirma oder in einer Motorenfabrik, damit eine sichere Gewähr für die Verwendung des geeignetsten Materials besteht.

Die Treibstangenschrauben werden aus Flußeisen, Flußstahl oder anderem Spezialmaterial mit größter Dehnung und geeigneter Festigkeit hergestellt.

Bei Bestellung neuer Treibstangenschrauben empfiehlt es sich, auch die dazu passende Reibahle zu verlangen, damit eine Rektifizierung der betreffenden Bohrungen vorgenommen werden kann und um ein genaues Zusammenpassen zu erzielen.

Vor dem endgültigen Einbau der Schrauben bestreiche man die Tragflächen des Kopfes und der Mutter mit Mennig (Minio) und ziehe die Schrauben gleichmäßig und gut an, um nach dem Wiederausbau die Auflagen in der Treibstange und im Deckel zu beobachten. Ein Aufliegen an den Kanten muß unbedingt vermieden werden.

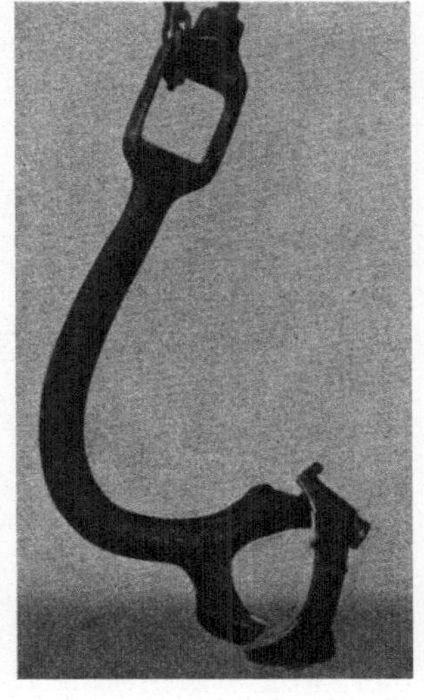

Abb. 40. Folgen eines Treibstangenschraubenbruches.

Auch bei der Anfertigung anderer Schrauben ist darauf zu achten, daß nur zweckentsprechendes Material mit großer Dehnung verwendet wird. Bei der Fertigstellung sind alle scharfen Übergänge zu vermeiden, und das Gewinde ist im Grunde nicht scharf, sondern gut gerundet auszuführen.

Bei Betrachtung der Treibstange in Abb. 40 kann man ermessen, welche Zerstörung ein Treibstangenschraubenbruch in den meisten Fällen anrichtet.

6. Ventile.

Die Auspuffventile sind durch die hohe Temperatur der abziehenden Verbrennungsgase einer größeren Abnutzung ausgesetzt. Aus diesem Grunde sind bei Auspuffventilen die Ventilkegel aus Gußeisen vorgesehen.

Bei mittleren Motoren ist das Ventilgehäuse mit Wasser gekühlt, während bei großen Motoren auch der Ventilkegel und die Spindel gekühlt werden.

Die gewöhnlich vorkommende Reparatur ist das Abdrehen der Dichtungsfläche am Ventilkegel. Bei dieser Arbeit ist ein genaues Zentrieren der ganzen Länge der Spindel unbedingt notwendig. Ist eine Drehbank nicht vorhanden, so kann man ausnahmsweise abfeilen. In einem solchen Falle muß aber das Ventil unbedingt mit aufgeschraubter oberer Führung, wie in Abb. 18 ersichtlich, eingeschliffen werden.

Ist der Sitz im Gehäuse abzudrehen, so genügt es nicht, das Gehäuse einfach auf einen passenden Dorn zu stecken, oder nach dem Äußeren des Gehäuses das Zentrieren vorzunehmen. Es ist zu bedenken, daß in der unteren Führung häufig eine einseitige Abnützung stattfindet und daß wegen der hohen Temperaturen beim Gehäuse selbst leicht Deformationen vorkommen. Deshalb ist es sehr wichtig,

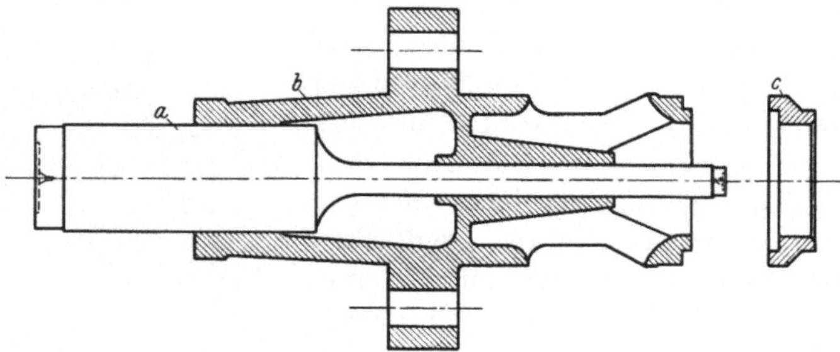

Abb. 41. Drehen des Ventilgehäuses und des Ventilsitzes.
a Drehdorn, *b* Ventilgehäuse, *c* Ventilsitz.

das Zentrieren in Übereinstimmung mit der oberen Führung vorzunehmen, indem man das Aufspannen und Drehen auf einen gut sitzenden Dorn, wie in Abb. 41 ersichtlich, ausführt.

Ist ein auswechselbarer Ventilsitz vorhanden, so muß die Auflage und der Ansatz am Gehäuse ebenfalls kontrolliert oder rektifiziert werden. Denn sind die beiden Führungen am genau laufenden Dorn zentriert, so darf die Ansatzstelle für den Ventilsitz weder exzentrisch laufen, noch schwanken. Dasselbe muß dann bei Anbringung des Ventilsitzes der Fall sein.

Um ein sicheres und dauerhaftes Arbeiten des Auspuffventiles zu ermöglichen, ist die genaue zentrische Übereinstimmung der oberen Führung mit der Schaftführung und dem Ventilsitz Grundbedingung. Selbstverständlich ist auch in Berücksichtigung dieser Bedingung bei vorkommendem Ausbuchsen von Schaftführungen ein genaues Zentrieren und nachheriges Kontrollieren aller Stellen notwendig.

Wegen der Ausdehnung des Ventilschaftes des Auspuffventils muß die Führung mindestens um 0,2 mm größer gebohrt werden.

Bleibt ein Ventil trotz reinem Auspuff und normalem Spiel hängen, so ist das ein Zeichen, daß die beiden Führungen nicht übereinstimmen.

Öfters ist es schon vorgekommen, daß man unrund gewordene Führungen einfach mittels Reibahle aufrieb und dann neue Ventile mit stärkeren Spindeln anfertigte. Dieses Vorgehen ist natürlich grundfalsch, weil eine Übereinstimmung dabei mit der oberen Führung niemals erzielt wird.

Die vorkommenden Ventilbrüche sowohl am Kegel wie auch am oberen Gewinde sind fast ausschließlich dem Nichtübereinstimmen von Ventilsitz, unterer und oberer Führung, zuzuschreiben. In diesem Falle findet bei jedesmaliger Ventilsteuerung eine kleine Biegung der Spindel statt, was natürlich nach unzähligen Wiederholungen auch beim besten Material an der Biegungsstelle zum Bruche führen muß.

Das Ventilgehäuse, der auswechselbare Ventilsitz, sowie der Ventilkegel sind aus hitzebeständigem, feinkörnigem Grauguß hergestellt. Um eine Deformation soviel als möglich zu verhindern, werden die Teile vor dem Fertigdrehen gut ausgeglüht.

Eine Anfertigung dieser Stücke in einer beliebigen Gießerei, wird stets von Mißerfolg sein, weil der Guß gewöhnlich nicht genug hitzebeständig ist und sich außerdem sehr leicht deformiert.

Wenn durch vorangegangene Reparaturen abnormale Maße geschaffen wurden, oder man überhaupt die Ventilkegel und die Sitze sich selbst drehen will, so bestelle man die Gegenstände von der Fabrik im Rohguß.

Bei der Fertigstellung von Spindel und Ventilkegel achte man genau darauf, daß scharfe Übergänge an der Spindel vermieden, die Gewinde im Grunde nicht scharf ausgeschnitten werden und bei beiden Teilen genau dieselbe Ausführung erhalten. Der Ventilkegel soll erst nach Anwärmung, und zwar ohne Öl, aufgeschraubt werden.

Beim Saugventil kommen Reparaturen sehr selten vor. Natürlich ist auch hier darauf zu sehen, daß durch eine tadellose Übereinstimmung der Führungen und des Ventilsitzes das Ventil nicht klemmt.

Beim Brennstoffventil wird eine Reparatur hauptsächlich durch die Abnützung des Nadelsitzes im Gehäuse notwendig. Unnötig vieles Schleifen, vielfach mit allzu grobem Schmirgel, und die Verwendung schlecht gereinigten Brennstoffes, tragen zur raschen Abnützung des Sitzes bei.

Sobald im Sitz eine Abnützung wie in Abb. 42 vorhanden ist, wird der Brennstoffeintritt verzögert, weshalb ein neuer Sitz, wie in Abb. 43 gezeigt wird, angebracht werden muß. Bei der Ausführung dieser Arbeit ist darauf zu achten, daß die Gewinde genau zusammenpassen und ebenso wie die Auflageflächen so glatt als möglich gedreht werden, damit ein gutes Abdichten ohne Hilfsmittel erreicht wird.

Bevor man zur Anbringung eines neuen Sitzes schreitet, kann man eine sofortige Besserung erzielen, indem man die Nadel an der klemmenden Stelle etwas kleiner feilt oder dreht, damit der Brennstoff wieder ungehindert eintreten kann. Die Nadel ist natürlich für einen neuen Sitz nicht mehr zu gebrauchen.

Bei allen Ventilen ohne Ausnahme ist darauf zu achten, daß die Dichtungsfläche des Ventils oder Kegels an keiner Seite des Ventilsitzes weder zurück- noch vortseht. Die durch Abnützung entstehenden Unterschiede oder Grate sind jedesmal durch Abdrehen oder Feilen

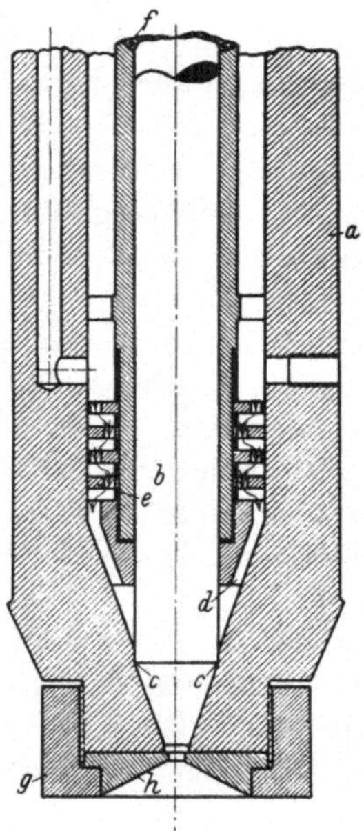

Abb. 42. Brennstoffventil mit abgenütztem Ventilsitz.
a Brennstoffventilgehäuse, *b* Brennstoffnadel, *c* Zylindrische Vertiefung, welche durch die Abnützung des Nadelsitzes im Gehäuse entsteht, *d* Zerstäuberkonus, *e* Zerstäuberringe, *f* Zerstäuberhülse, *g* Mutter zur Befestigung der Düsenplatte, *h* Düsenplatte.

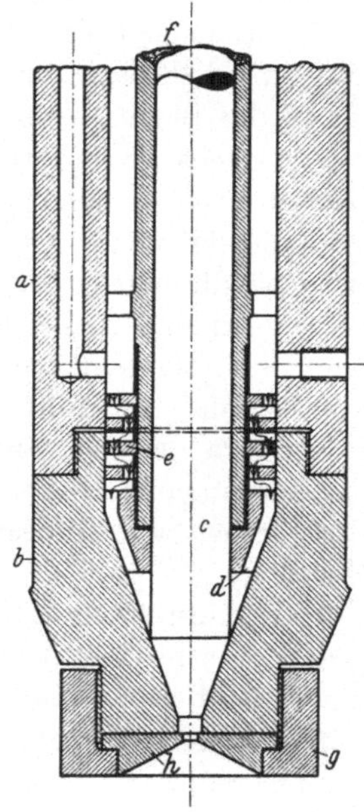

Abb. 43. Brennstoffventil mit neuem aufgeschraubten Ventilsitz.
a Brennstoffventilgehäuse, *b* Aufgeschraubter Ventilsitz, *c* Brennstoffnadel, *d* Zerstäuberkonus, *e* Zerstäuberringe, *f* Zerstäuberhülse, *g* Mutter zur Befestigung der Düsenplatte, *h* Düsenplatte.

zu beheben. Eine besondere Wichtigkeit ist diesbezüglich den Ventilen der Brennstoffpumpe und des Kompressors beizumessen.

Bei Anfertigung von Ersatzventilen für den Kompressor müssen scharfe Übergänge in den Spindeln und das scharfe Ausschneiden der Gewinde peinlichst vermieden werden. Auch sonst sind alle Vorkehrungen gegen Bruch und Hineinfallen der Ventile zu treffen. Ventile, die geräuschvoll arbeiten oder schlagen, brechen leichter und müssen deshalb öfter nachgesehen werden.

Bei der Anfertigung von Plattenventilen außer der Fabrik wird fast immer der Fehler begangen, daß die Platten einfach von einem Rundstahl abgestochen werden. Solche Ventile brechen bald, weil die Walzfasern dann quer zu den Platten liegen. Plattenventile müssen immer aus Stahlblech oder Flachstahl verfertigt werden, weil dann die Fasern nach den Platten verlaufen und so mehr Widerstand bieten.

Ist bei Sicherheitsventilen durch Schleifen der Sitz so breit geworden, daß ein Abdichten mit glattem Konus nicht mehr zu erreichen ist, so muß durch Abfräsen oder Abdrehen der Stirnseite wieder ein scharfkantiger Sitz geschaffen werden.

Bei den Absperrventilen der Druckluftgefäße sind die Konusse mit Rillen wieder glatt zu drehen oder die Konusse sind durch neue zu ersetzen.

Sollte ein Absperrventil trotz neuem Konus und normalem Anziehen durch das Handrad nicht mehr dicht halten, so ist der Sitz fehlerhaft oder zu breit. Im ersteren Falle ist mit einem Stahldorn, der den passenden Konus haben muß und in der Verschraubung des Gefäßkopfes genau zu führen ist, nachzuschleifen. Im zweiten Fall ist durch Abdrehen oder Abfräsen der Stirnfläche wieder ein schmälerer Sitz zu schaffen.

7. Thermitschweißungen bei Kurbelwellenbruch.

Wie und warum Kurbelwellenbrüche vorkommen, wurde schon an anderen Stellen ausgeführt.

Häufig findet man nach erfolgtem Bruch einer Kurbelwelle, daß nur eine verhältnismäßig kleine Stelle im Zentrum einen frischen Bruch aufweist, dagegen der größere Teil eine verrostete oder doch alte Bruchstelle zeigt. Dies hat nicht selten zu der irrtümlichen Meinung geführt, daß man es von Anfang an mit einem unganzen, fehlerhaften Material zu tun hatte. Bedenkt man aber, daß durch Nichtaufliegen in einem Lager die Welle an dieser Stelle schon in wenigen Tagen viele Millionen von Durchbiegungen erleiden muß, wobei natürlich die Beanspruchung des Materials außen am größten ist und nach dem Zentrum der Welle sich allmählich verringert. Darum wird die Elastizität und der Widerstand im Kern der Welle immer länger andauern, während außen herum die Ermüdung und das Sprödewerden des Materials zuerst eintreten muß, was dann zur Entstehung eines Risses auf eine anfänglich verhältnismäßig geringe Tiefe führt.

Zwischen der Rißbildung und einem vollkommenen Bruch der Kurbelwelle können Monate, ja sogar Jahre vergehen. Es ist selbstverständlich, daß in der Zwischenzeit die angesprungene Stelle verrostet oder verschmutzt. Es kann der gleiche Vorgang beobachtet werden, indem man ein nicht allzu starkes Rundeisen in den Schraubstock spannt und dann so lange hin- und zurückbiegt, bis das Eisen angebrochen ist. Läßt man dann das Eisen einige Tage liegen und bricht es nachher an der gleichen Stelle durch längeres Biegen ganz entzwei, so zeigt sich die gleiche Erscheinung.

Bei dieser Probe kann man sich überzeugen, daß zur Rißbildung oder zum Anbrechen des Materials viele Durchbiegungen notwendig sind, daß die Biegungen noch lange fortgesetzt werden müssen, bevor das Eisen endgültig entzwei bricht. Auch kann man sich dann durch Besichtigung der Bruchflächen leicht erklären, warum nur eine kleine Stelle einen frischen Bruch aufweist.

Bei Kurbelwellenbruch findet eine Verletzung oder Zerstörung anderer Bestandteile der Maschine zumeist nicht statt. Die wichtigste aller Fragen ist aber dann stets: Was ist zu tun, um den Motor so schnell als möglich wieder betriebsfähig zu machen?

Leider muß die Antwort darauf im allgemeinen sehr ungünstig lauten, weil auf eine neue Kurbelwelle erst nach vielen Monaten gerechnet werden kann, und weil das Thermitschweißverfahren noch allzuwenig Verbreitung gefunden hat.

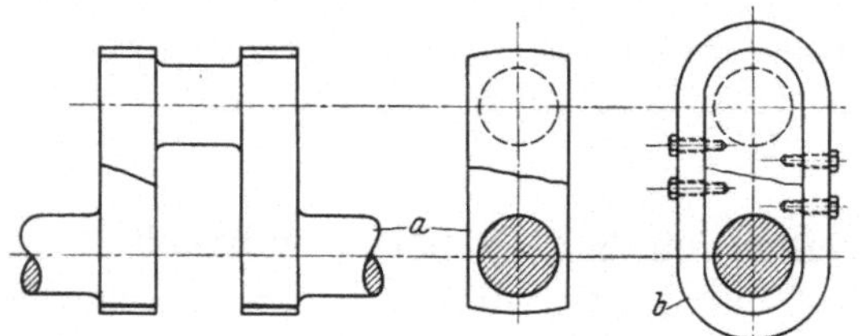

Abb. 44. Kurbelwellenreparatur durch Aufsetzen eines Schrumpfringes.
a Gebrochene Kurbelwelle, *b* Dufgezogener Schrumpfring.

Der größte Schaden wird gewöhnlich durch den langen Stillstand der Maschine verursacht, was bei kleinen Anlagen sogar den Ruin des Unternehmens mit sich bringen kann.

Bei einem Bruch eines Kurbelarms wie in Abb. 44 ist auch eine rasche Reparatur durch Aufsetzen eines Schrumpfringes möglich, sofern zwischen dem äußersten Punkt des Kurbelarmes und der Grundplatte ein Zwischenraum vorhanden ist, der die Anbringung eines verhältnismäßig starken Schrumpfringes am Kurbelarm gestattet. Dies ist gewöhnlich nur dann der Fall, wenn an der Kurbel Gegengewichte vorhanden sind.

Die Arbeit wird dann folgendermaßen ausgeführt: Vom Kurbelarm werden die vier Kanten abgemeißelt und die Stellen so befeilt, bis eine gleichmäßig ovale Form, wie das in Abb. 44 ersichtlich ist, erreicht ist. Nach dieser Form wird eine genaue Blechschablone für die Bearbeitung des Schrumpfringes angefertigt. Für den Schrumpfring kommt sowohl Fluß- wie Schmiedeeisen, aber auch gut ausgeglühtes Elektroeisen in Betracht. Um ein übermäßiges Ausdehnen des Materials beim Schrumpfen zu vermeiden, mache man den Ring ja nicht zu klein. Vor dem Aufziehen des Ringes werden die Bruchflächen gut mit einer Stahlbürste gereinigt. Im Schrumpfring können schon vor dem Aufziehen für die ersichtlichen Sicherungsschrauben die Löcher gebohrt werden.

Zum Aufziehen des Ringes soll gleichmäßig bis kaum dunkelrot erwärmt werden. Ein an den Längsseiten sich bildender Zwischenraum kann nach dem Erkalten mit Blechbeilagen, die mit den Schrauben zu sichern sind, ausgefüllt werden.

Selbstverständlich ist es, daß dann auch für eine gute Auflage in den Lagern gesorgt werden muß.

Eine solche Reparatur hält sehr lange, ist rasch ausgeführt und bringt die Maschine nicht in Gefahr. Es kann dann mit Ruhe das Eintreffen der neuen Kurbelwelle abgewartet und der Einbau für eine günstige Zeit anberaumt werden.

Vor Versuchen mit autogenen und elektrischen Schweißungen muß in diesem Falle gewarnt werden, weil das eine wie das andere Verfahren für eine dauerhafte Verbindung bei gebrochenen Kurbelwellen absolut untauglich ist.

Eine erfolgreiche Schweißung ist nur durch Thermit möglich. Das Thermit wurde von Professor Goldschmidt in Essen erfunden. Es ist eine Mischung von Aluminiumpulver und Eisenoxyd, ist leicht entzündbar und verwandelt sich in etwa 30 Sekunden in flüssiges Eisen, wobei eine Temperatur von annähernd 3000° C erreicht wird.

Für das Schweißen bzw. für das Gießen werden geeignete Gefäße, bei denen an der tiefsten Stelle ein Ventil für die Entleerung des flüssigen Eisens vorgesehen ist, sowie entsprechende Anleitungen geliefert.

Das Thermit-Schweißverfahren ist bei einem Kurbelwellenbruch nur dann mit Erfolg anwendbar, wenn bei jeder Bruchstelle beliebig viel abgesägt oder abgehobelt werden kann und somit auch das Material in Wegfall kommt, das durch die stattgehabten Biegungen für eine weitere Beanspruchung ebenfalls unbrauchbar geworden ist. Da aber eine Oxydation oder eine Verunreinigung beim Aneinanderschweißen nicht vorkommt, der ganze Zwischenguß homogen ist, eine sichere Verbindung mit der Welle eingeht und überdies Thermit eine gute Elastizität hat, ist es das günstigste Schweißverfahren für gebrochene Kurbelwellen.

Der einzige Nachteil, der durch die Porösität des Thermitegusses (um einen solchen handelt es sich bei diesen Schweißungen) für die Biegungsbeanspruchung entsteht, kann durch beliebige Verstärkungen, wie solche in den Abb. 45 bis 49 ersichtlich sind, wettgemacht werden.

Die Vorbereitungen zum Schweißen werden folgendermaßen ausgeführt: Von der gebrochenen Kurbelwelle wird an beiden Bruchstellen so viel als tunlich Material abgehobelt oder abgesägt und dabei die Fläche selbst durch Abschrägungen nach Möglichkeit vergrößert (siehe Abb. 45). Dann werden die beiden Stücke zueinnader genau ausgerichtet und in Wasserwage gelegt. Beim Ausrichten ist darauf zu achten, daß für das Schrumpfen des Zwischengusses in der Kurbelarmrichtung etwas zugegeben wird.

Für die Ausführung der weiteren Arbeiten muß ein tüchtiger Gießer oder Former herangezogen werden, der die richtige Ausführung des Modells überwacht, den geeigneten Formkasten, die Formung und die Austrocknung besorgt, sowie die gute Anwärmung der zu schweißenden Stellen und die Anbringung des Formkastens wie auch das Eingießen übernimmt.

Beim Eingießen des Thermits muß dafür gesorgt werden, daß zuerst ein Auslaufen bzw. Ausspülen stattfindet, damit die zu schweißenden Stellen gereinigt und auf die gleiche Schmelztemperatur der Flüssigkeit gebracht werden. Am vorteilhaftesten ist es, die Arbeiten in einer Gießerei ausführen zu lassen.

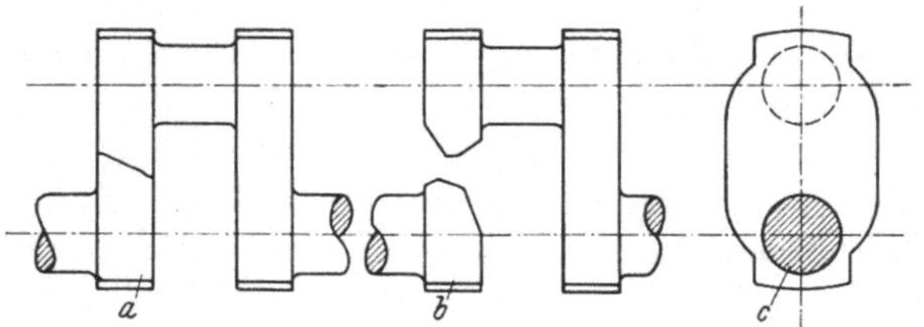

Abb. 45. Thermitschweißung eines gebrochenen Kurbelarmes. *a* Gebrochener Kurbelarm, *b* Derselbe vorbereitet zum Schweißen, *c* Geschweißter Arm mit Verstärkung.

Ist der Bruch nicht bei einem Kurbelarm sondern beim Kurbelzapfen erfolgt, so wird eine Schweißung daselbst einen Mißerfolg bringen, weil an dieser Stelle eine entsprechende Verstärkung des Thermiteingusses nicht möglich ist.

In einem solchen Falle müssen beide Kurbelarme durchschnitten werden, um die Anschweißung eines neuen Kurbelzapfens mit entsprechenden Verstärkungen an den Armen vornehmen zu können. Eine derartige Reparatur bietet die größte Sicherheit. Dieselbe Arbeit wurde vom Verfasser vor Jahren bei einem Mehrzylindermotor mit ausgezeichnetem Erfolg durchgeführt.

Abb. 46. Mit Thermit angeschweißter Kupplungsflansch.

Das Wichtigste nach dem Schweißen ist, daß die Kurbelwelle wieder genau zentrisch läuft, weshalb auf einer entsprechenden Drehbank die Welle genau auszurichten ist. Dabei bringt es keinen Vorteil, eine vorhandene Krümmung oder Exzentrizität auf die ganze Länge der Welle zu verteilen oder ausgleichen zu wollen. Man muß vielmehr bedenken, daß von der Schweißstelle an eine von den beiden Seiten, ohne Rektifikation, einwandfrei zu zentrieren ist. Also wähle man für dieses Zentrieren die längere bzw. die wichtigere Seite und rektifiziere nur die anderen Stellen. Die wichtigere Seite ist immer diejenige, an der sich das Schraubenrad befindet. Natürlich ist es um so besser, wenn dies auch zugleich die Schwungradseite ist. Sonst bietet aber das Kleiner-

Abb. 47. Kurbelwelle mit angeschweißtem Kupplungsflansch.

drehen auch des Sitzes für das Schwungrad bei der Montage keinerlei Schwierigkeiten, weil bei einem zweiteiligen Schwungrad durch Beilegen gleich starker Bleche über die ganze Auflage gute Klemmung und sicherer Sitz erzielt werden kann.

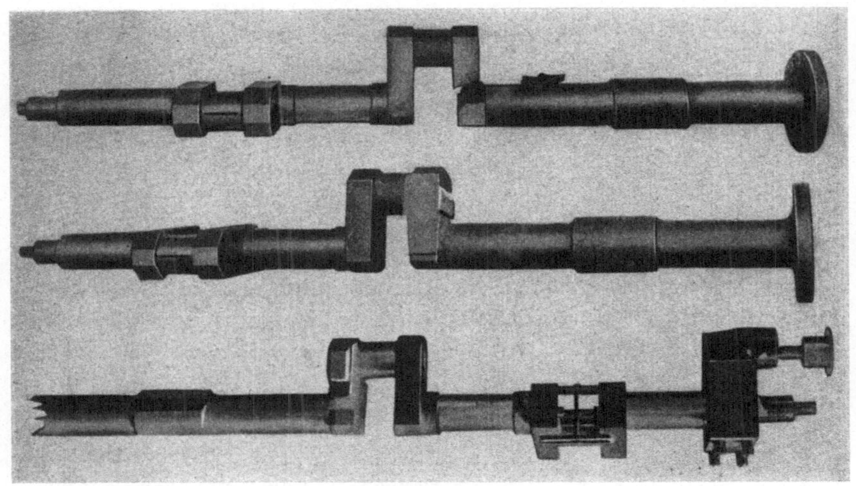

Abb. 48. Kurbelwelle gebrochen, mit Thermit geschweißt und nachgedreht.

Natürlich sollte man da, wie auch bei den Lagerstellen, so wenig wie möglich abdrehen.

Bei der zu rektifizierenden Seite wird sich das Schlagen dem Ende der Welle zu vergrößern. Sollte die Exzentrizität mehr als 2 mm betragen, so muß durch Erwärmen an geeigneter Stelle, dann durch Spannen oder Drücken, auch verbunden mit Hämmern, ein Durchbiegen oder Geraderichten vorgenommen werden.

Abb. 49. Mit Thermit geschweißte Kurbelwelle.

Nach der Fertigstellung der Kurbelwelle muß zumindest für die rektifizierten Lagerstellen das Weißmetall in den betreffenden Lagern erneuert werden.

Liegt die Kurbelwelle dann in allen Lagern gut auf, so wird ein Bruch nicht mehr vorkommen.

Die angeführte Reparatur kann bei einem Mehrzylindermotor in 2 bis 3 Wochen beendet sein.

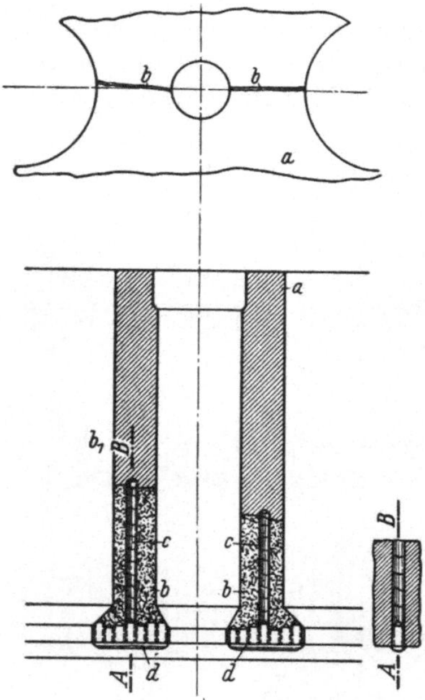

Die in Abb. 46 und 47 ersichtliche Thermitschweißung der Kurbelwelle eines Dreizylindermotors wurde an Ort und Stelle vorgenommen, wobei der Motor nur eine Woche außer Betrieb war. Weder die Welle noch der Flansch wurden nach der Schweißung gedreht. In den Bildern kann man besonders die reichliche Verstärkung der Schweißung gut sehen.

Der Motor ist mit einer Drehstromdynamo direkt gekuppelt, wobei das Schwungrad den Rotor bildet und die Kupplung zwischen Motor und Schwungrad angeordnet ist.

Abb. 50. Reparatur eines Zylinderdeckelsprunges zwischen Auspuff-Brennstoff- und Saugventil.
a Zylinderdeckel, *b* Riß, *c* Eingestemmte Kupferstücke, *d* Kettenverschraubung.

Ursache des Bruches oder besser des Abdrehens des Kupplungsflansches war ein Treibstangenschraubenbruch, der wiederum durch vorheriges Kolbenfressen verursacht wurde.

Die Kurbelwelle wurde im Weiterlauf durch die freigewordene und nach unten gefallene Treibstange behindert, wodurch dann die aufgespeicherte Fliehkraft im Schwungrad die schwächste Stelle der Welle zum Nachgeben zwang.

8. Reparatur gesprungener Zylinderdeckel.

Zylinderdeckelsprünge zwischen Auspuff-, Brennstoff- und Saugventil kommen bei allen Konstruktionen vor und sind in der Hauptsache auf Überlastung oder ungenügende Kühlung zurückzuführen. Eine mangelhafte Kühlung kann eintreten durch Wassersteinbildung und aus Versehen. Aber häufig auch wegen absichtlich heißem Arbeiten, um dadurch eine vermeintlich bessere Wärmeausnützung zu erzielen.

Abb. 51. Zylinderdeckel mit vorgesehener Wasserzirkulation zwischen Auspuff- und Saugventil, in Vorbereitung für die Anbringung eines Einsatzbodens.

Seltener sind Rißbildungen wegen Frost oder versteckten Gußspannungen zu verzeichnen.

Auftretende Risse machen den Zylinderdeckel noch nicht unbrauchbar, sondern man kann bei richtiger Reparatur oft noch jahrelang mit dem gerissenen Deckel arbeiten.

Weder autogene noch elektrische Schweißungen werden bei Zylinderdeckelsprüngen mit Vorteil angewandt. Wenn ab und zu scheinbar eine Schweißung gut war, so war trotz der hohen Kosten die Lebensdauer des Zylinderdeckels sehr kurz und obendrein war dann jede weitere mechanische Reparatur ausgeschlossen. Auch kann ein noch größerer Schaden entstehen, indem sich Teile der Schweißung lösen und in den Zylinder hineinfallen.

Abb. 52. Zylinderdeckel in Vorbereitung für die Anbringung eines Einsatzbodens.

Bis heute hat die Erfahrung gezeigt, daß für die Verlängerung der Brauchbarkeit eines gerissenen Zylinderdeckels nur mechanische Reparaturen in Betracht kommen.

Am häufigsten entstehen die Risse bei der dem Verbrennungsraum zugekehrten Seite zwischen Auspuff-, Brennstoff- und Saugventil. Sobald ein Riß vorhanden ist, wird während des Betriebes durch die Ausdehnung des Materials ein mehr oder weniger offener Spalt entstehen. Durch das Eindringen der Verbrennungsstichflammen in diesen Spalt schreitet die Zerstörung des Zylinderdeckels rasch fort.

Deshalb wird mit Vorteil längs des Risses eine Kette ineinandergehender Schrauben angebracht und vernietet, so daß ein Wulst entsteht, der im Schnitt etwa einem Nietenkopf gleichkommt (siehe Abb.50).

Durch diese Ausführung werden die Stichflammen vom vorhandenen Sprung abgehalten. Der Wulst kann von Zeit zu Zeit wieder verhämmert werden. Der Schraubendurchmesser von $^1/_4''$ oder $^3/_8''$ ist groß genug, als Material wähle man Schweiß- oder Flußeisen.

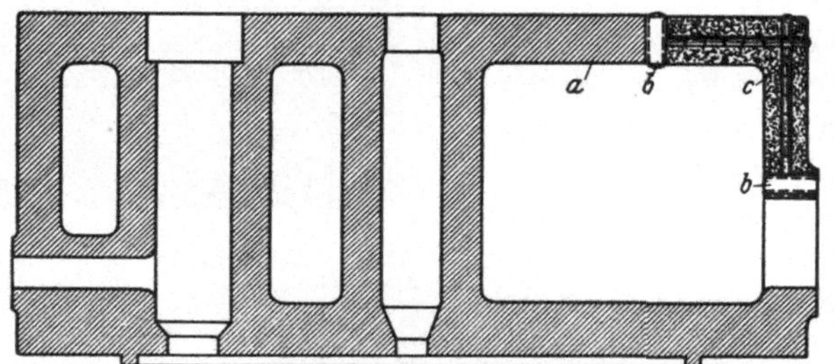

Abb. 53. Reparatur eines Zylinderdeckelrisses.
a Zylinderdeckel, *b* Kupferschrauben, *c* Eingestemmte Kupferstücke.

Die Ankörnung für alle zu bohrenden Löcher muß so eingeteilt werden, daß nachher das Gewinde jeder Schraube immer in die nebenstehenden Schrauben eingreift. Die Arbeit wird dann so ausgeführt, daß im Anfang nur bei jeder zweiten Ankörnung gebohrt, Gewinde geschnitten und verschraubt wird, um nachher dieselbe Arbeit bei den übriggebliebenen Ankörnungen, die zwischen den Schrauben liegen, vorzunehmen.

Bei jedem Ende eines Risses ist auf ein besonders gutes Abschließen der Dichtungsfläche Rücksicht zu nehmen.

Die Gewinde sollen gut zusammenpassen und die Schrauben stramm hineingedreht werden. Nach dem Hineindrehen wird jede Schraube auf ein bestimmtes Maß, etwa 5 bis 10 mm, länger abgesägt. Zum Schlusse werden alle Schrauben untereinander gut vernietet, bis ein glatter und gleichmäßiger Wulst entsteht.

Da in der Nähe des Risses auch noch eine Deformation stattgefunden hat, wobei die Sitze für die Ventilgehäuse in Mitleidenschaft gezogen wurden, ist nach jeder Ausführung einer derartigen Reparatur genaues Einschleifen der Ventilgehäuse unerläßlich. Sind an den Gehäusen auswechselbare Ventilsitze vorgesehen, so ist unbedingt mit guter Führung, wie das in Abb. 17 ersichtlich ist, einzuschleifen. Auch soll dieses Einschleifen von Zeit zu Zeit wiederholt werden.

Kommt die eben besprochene Reparatur bei Zylinderdeckelkonstruktionen, wo ein Durchgang des Kühlwassers zwischen Auspuff- und Saugventil wie in Abb. 51 und 52 vorgesehen ist, zur Ausführung, so muß bei tiefergehendem Riß der Wasserübertritt in das Auspuff- bzw. Saugventil durch ein sicheres Abdichten verhindert werden (siehe Abb. 50).

Dieses Abdichten wird auf eine sehr einfache Weise dadurch erzielt, indem man im Zentrum des Materials, genau nach dem vorhandenen Sprung und etwas tiefer als dieser, ein 3 bis 5 mm großes Loch bohrt. Dieses Loch wird dann mit gut ausgeglühtem Kupferdraht von gleichem Durchmesser in der Weise vollgestemmt, daß immer nur Stücke von 10 mm Länge eingeführt werden, um dann jedesmal mit einem passenden Rundstahl gut zu verstemmen.

In gleicher Weise können alle vorkommenden Sprünge, die nach außen Wasser durchlassen, mit Kupfer abgedichtet werden. Dabei ist noch zu berücksichtigen, daß vor dem Vollstemmen einer Verlängerung des vorhandenen Risses dadurch vorzubeugen ist, daß man an dessen Ende oder etwas darüber hinaus ein Loch durch die ganze Wandstärke bohrt. Dieses Loch wird dann mit einer Kupferschraube verschlossen, an die durch das Querloch des Längsrisses das erste Stückchen Kupferdraht angestemmt wird (siehe Abb. 53).

Sollte jedoch ein Riß krumm verlaufen, daß ein Schneiden des Risses durch ein Loch längs des Risses nicht möglich wäre, so muß eben eine Verschraubung nach Abb. 50 ausgeführt werden, nur mit dem Unterschiede, daß in diesem Falle die Schrauben aus Kupfer sein sollen.

Eine weitere Möglichkeit, unbrauchbar gewordene Zylinderdeckel wieder verwenden zu können, bietet das Einsetzen eines neuen Bodens. Auch wenn eine Reparatur wie vorher beschrieben stattgefunden hatte, kann immer noch ein neuer Boden eingesetzt werden.

Eine solche Reparatur wird natürlich nur bei Verwendung guten Materials und gewissenhafter Ausführung von Frfolg begleitet sein. Die Kosten betragen etwa ein Viertel des Preises eines neuen Zylinderdeckels. Diese Reparatur ist immerhin dann von Vorteil, wenn die notwendige Beschaffung eines neuen Zylinderdeckels mit großen Zeitverlusten und Betriebseinschränkungen verbunden ist.

Der Verfasser hat bei den verschiedensten Deckelkonstruktionen mit ausgezeichnetem Erfolg neue Böden eingesetzt.

Abb. 54 zeigt einen Zylinderdeckel, bei dem der unbrauchbar gewordene Boden herausgedreht wurde, einen neuen Boden, eine Befestigungsschraube und Schlüssel. Beim neuen Boden ist die Vorderansicht die für den Verbrennungsraum bestimmte Seite. Die beiden Löcher unter- und oberhalb der Öffnung für das Brennstoffventil zeigen die Anordnung für die Befestigung des Bodens am Zylinderdeckel.

Abb. 55 zeigt denselben Zylinderdeckel mit dem eingesetzten neuen Boden, wobei noch die nebenstehende Befestigungsschraube anzubringen ist.

Abb. 56 zeigt einen Zylinderdeckel, dessen nebenstehender Boden nach ausgezeichnetem, zweijährigem Betrieb, zum ersten Male herausgenommen wurde. Wie ersichtlich, gehört die vordere Seite des Bodens nach dem Innern des Zylinderdeckels.

Abb. 54. Zylinderdeckel mit Einsatzboden, einer Befestigungsschraube und Schlüssel.

Der Boden ist aus Elektrostahl und wurde vor dem Einsetzen gut in den Deckel eingeschliffen, so daß der Boden selbst sowie der äußere Abdichtungsansatz eine gut schließende Auflage hatte.

Außerdem wurden um jede Ventilaussparung sowohl beim Deckel wie auch beim Bodenstück genau übereinstimmende kleine, etwas konisch gehaltene Nuten eingestochen, in die dann beim Zusammenbau aus einem geeigneten Kupferrohr passend gedrehte und ausgeglühte Ringe eingedrückt wurden (siehe Abb. 57).

Abb. 55. Anbringung des Einsatzbodens im Zylinderdeckel.

Durch diese Vorkehrung ist auch bei vorkommender Deformation des Deckelbodens ein gutes Abdichten möglich. Am Ansatz ist auch durch bloßes Aufschleifen ein sicheres Abdichten des Kühlraumes gewährleistet.

Selbstverständlich ist es, daß jeder Deckelboden vor dem Fertigdrehen gut ausgeglüht werden soll.

Auch ist bei eventuellem Ausbau nachzuschleifen. Natürlich müssen auch die Ventilgehäuse im neuen Deckelboden eingeschliffen werden.

Die beiden Befestigungsschrauben haben den Druck, der durch das Anziehen der Ventilgehäuse verursacht wird, aufzunehmen. Eindringen von Wasser inden Zylinder wird durch Einschleifen der Schraubenköpfe im Deckelboden und durch Unterlagen ausgeglühter Kupferscheibchen leicht vermieden.

Abb. 56. Nach zweijährigem Betriebe, zum ersten Male ausgebauter Einsatzboden.

Wenn es notwendig sein sollte, können die durchgehenden Schrauben auch noch als Befestigungsschrauben für das Brennstoffgehäuse weitergeführt werden.

Der Deckelboden soll nur mit dem abgesetzten kleineren Durchmesser genau in den Deckel hineinpassen, während beim größeren Durchmesser ein Ausdehnungsspiel zu belassen ist.

9. Kolben und Zylinderbüchse.

Kolbenringe sollen nur aus besonderem Kolbenringguß verfertigt werden, weil zu hartes Material ein rasches Abnützen der Zylinderbüchse und Ausschlagen der Ringnuten zur Folge hat und weil andererseits bei weichem, aber ungeeignetem Guß die Federung oder Spannung der Ringe bald verlorengeht.

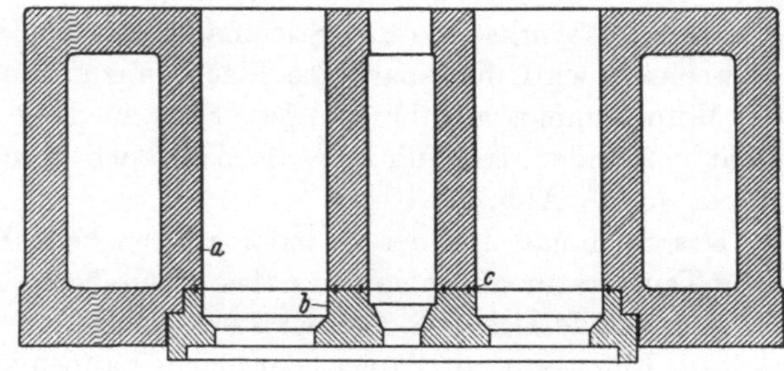

Abb. 57. Zylinderdeckel mit Einsatzboden und Abdichtung durch Kupferringe, wie Abb. 56 ausgeführt. *a* Zylinderdeckel, *b* Einsatzboden, *c* Kupferringe.

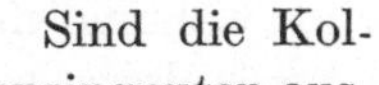
Sind die Kolbenringnuten ausgeschlagen, so müssen die seitlichen Flächen auf einer Drehbank gerichtet und nachher passende Ringe angefertigt werden. Bei dem Ausrichten darf natürlich nur das Notwendigste abgedreht werden. Die

seitlichen Flächen sowohl der Nuten wie auch der Ringe soll man so glatt als möglich ausführen. Die Ringe sollen leicht spielen, dürfen aber doch eine seitliche Beweglichkeit nicht aufweisen. Klemmt ein Ring an irgendeiner Stelle, so muß durch Schaben (nicht Feilen) nachgeholfen werden. Auch kann man auf einer geraden Fläche den Ring aufschleifen.

Die Kolbenringe müssen vor der Benützung einzeln in den Zylinder eingepaßt werden, um das notwendige Ausdehnungsspiel im Treppenstoß, wie schon unter Instandhaltungsarbeiten angeführt wurde, herstellen zu können. Die Stärke des Kolbenringes muß etwas weniger als die Tiefe der betreffenden Nut betragen. Neue Kolbenringe, die im Zylinder nicht gut abschließen, können entsprechend abgefeilt und etwas eingeschliffen werden.

Für die Bestellung abnormaler Ringe müssen erst in die Nuten hineinpassende Schablonen mit genauer Breite und Tiefe angefertigt werden. Auch ist das genaue Maß der Zylinderbohrung von der kleinsten Kolbenringgleitstelle anzugeben oder ein Stichmaß dafür einzusenden.

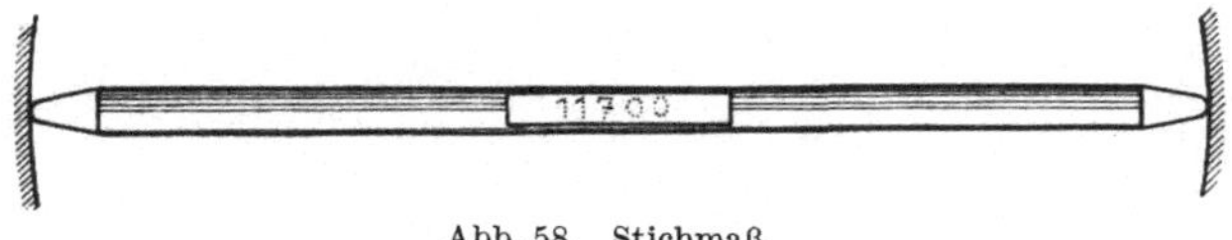

Abb. 58. Stichmaß.

Zur Anfertigung eines Stichmaßes kann ein Vierkant- oder Rundstab aus Eisen oder Stahl verwendet werden, doch darf die Stärke nicht weniger als 10 mm betragen.

Das Stichmaß darf keine scharfen Spitzen aufweisen, sondern es muß abgerundete Maßflächen besitzen (siehe Abb. 58). Damit in der Fabrik oder Werkstätte das Stichmaß nicht mit anderen Stichmaßen verwechselt wird, hat man eine Fläche anzufeilen, auf die zumindest die Motornummer anzubringen ist. Sind zu diesem Zwecke Nummern nicht vorhanden, so kann man die Zahl auch durch Körnerschlag ausführen (siehe Abb. 58).

Das Stichmaß und der Zylinder müssen beim Einpassen die natürliche Temperatur angenommen haben. Durch das Anfassen mit bloßen Händen würde sich das Stichmaß erwärmen und ausdehnen, weshalb es beim Einpassen mit Papier oder einem Lappen zu umwickeln ist.

Beim Einpassen ist so vorzugehen, daß ein Ende des Stichmaßes an einem bestimmten Punkt im Zylinder festgehalten wird, während man mit dem anderen Ende die genau gegenüberliegende Stelle durch seitlichen Ausschlag sucht. Ein genau passendes Stichmaß darf weder klemmen, noch soll es durch seitliches Bewegen am Paßpunkt einen merklichen Ausschlag zulassen.

Für das Versenden wird das Stichmaß am besten in einem kleinen, etwas längeren Rohr verpackt, wobei man das Stichmaß mit Papier oder Lappen umwickelt und dann die Öffnungen des Rohres mit Kork verpfropft.

Bekanntlich darf der Kolben im oberen Teile die Zylinderwandung nicht berühren. Die Kolben sind deshalb und wegen ihrer größeren Ausdehnung vom unteren Kolbenring an bis zum Kolbenboden kleiner, und zwar meistens konisch gedreht, so daß der Durchmesser, je nach der Größe des Motors, am Kolbenende $1^1/_2$ bis 4 mm weniger beträgt als in der Führung.

Ein langjähriger Betrieb oder zu heißes Arbeiten hat durch die starke Ausdehnung besonders am oberen Kolbenende eine allmähliche Deformation und Wachsen zur Folge, weshalb es nicht selten vorkommt, daß sich das obere Ende im Zylinder reibt und auch ein Klopfen verursacht. Ganz besonders ist auf diesen Umstand zu achten, wenn Rißbildungen im Kolbenboden zu verzeichnen sind. Die durch die stattgehabte Reibung markierten Stellen sind abzufeilen, oder der obere Teil des Kolbens ist wieder kleiner zu drehen.

Hatte sich am Kolbenboden ein Riß gebildet oder findet gar schon ein Durchlassen der Luft statt, so kann man sich auf längere Zeit durch Ausführung der Kettenverschraubung nach Abb. 50 helfen. Bei weiterer Vergrößerung des Sprunges kann auch ein mit Gewinde versehener Kolbenboden eingesetzt werden. Von Schweißungen muß auch in diesem Falle ganz entschieden abgeraten werden.

Jedenfalls kommt man bei normalem Betriebe mit der erstgenannten Reparatur bis zum Eintreffen eines neuen Kolbens aus.

Ist bei einem Kolben im Sitz für den Kolbenzapfen eine Ovalität zu bemerken, so daß eine genaue oder sichere Befestigung des Zapfens nicht mehr zu erreichen ist, so muß die betreffende Bohrung mit einem zur Reibahle ausgestalteten Holzdorn (siehe Abb. 59) aufgerieben, und ein dementsprechender, neuer Kolbenzapfen angefertigt werden. Von einer abgenützten Flachfeile kann man sich entsprechende Stücke abbrechen, die dann nach Bedarf zugeschliffen als Messerstähle Verwendung finden und nach Abb. 59 in den Holzdorn eingelegt werden. Damit alle Messerstähle gleich angreifen, stellt man sie durch Blech oder Papierunterlagen richtig ein. Nach jedem Durchreiben wird unter die Stähle überall ein oder zwei Papierblättchen mehr untergelegt, bis wieder eine runde, oder vielleicht für einen vorhandenen neuen Zapfen passende, Bohrung erreicht ist.

Ist die Zylinderbüchse nach oben zu schon etwas abgenützt, so daß ein Ansatz das Ausbauen des Kolbens erschwert, so wird dieser Vorsprung ebenso wie vorhin der Zapfensitz durch eine Holzscheibe mit schräg eingesetzten Messerstählen abgefräst bzw. ausgeschabt. Zum

Drehen der Holzscheibe muß eine entsprechende Verlängerung mit Wendeisen angebracht werden. Beim Ausreiben liegt die Holzscheibe am Kolben auf, wobei erst durch dessen allmähliche Abwärtsbewegung der Fräsapparat weitergesteuert wird. Der Vorschub wird am besten so ausgeführt, daß man mit dem Flaschenzug an einer Schwungradspeiche langsam gegen die Drehrichtung zieht, so daß der Kolben mit Fräsapparat immer tiefer in den Zylinder hineingeht. Nach jedem Durchschaben wird der Flaschenzug nachgelassen und mit dem Schaltwerk zurückgedreht, um wieder im oberen Totpunkt von neuem beginnen zu können. Indem man nach und nach entsprechende Beilagen unter die Messerstähle legt, wird das Abfräsen des Ansatzes mit Leichtigkeit und schnell bewerkstelligt.

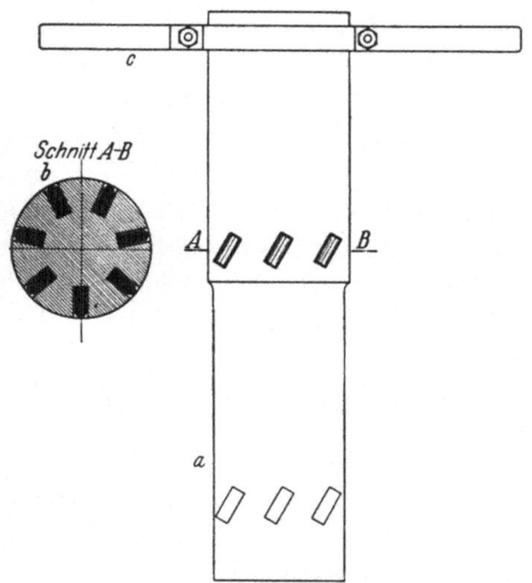

Abb. 59. Holzdorn als Reibahle.
a Holzdorn, *b* Messerstähle, *c* Wendeisen.

Sollte eine Drehbank zum genauen Abdrehen der Holzscheibe nicht vorhanden sein, so kann auch mit einer Bandsäge eine ziemlich genau passende Scheibe ausgeschnitten werden.

Das Spiel zwischen Kolben und Zylinderbüchse ist bei gut zusammenpassenden Gleitflächen mit 7 pro Tausend des Durchmessers reichlich genug bemessen.

Ein gutes Zusammenpassen der Gleitflächen wurde schon unter „Gründliche und vorteilhafteste Behebung von Kolbenfressen" ausführlich besprochen.

Soll nun ein neuer Kolben für eine bestehende Zylinderbüchse bestellt werden, so ist schon bei der Anfertigung des Stichmaßes zu berücksichtigen, daß das Spiel durch Einschleifen des Kolbens nachträglich um rd. 0,1 mm vergrößert wird.

Das Kolbenspiel 7 pro Tausend findet man, indem man den gegebenen Durchmesser mit 7 multipliziert und vor das Produkt einen Dezimalpunkt setzt. Z. B. bei 370 mm Zylinderdurchmesser rechnet man $370 \times 7 = 2590 = 0{,}259$ mm. Also rund 0,26 mm soll der Kolben in der Führung kleiner werden als die Zylinderbohrung.

Um für das Einschleifen 0,1 mm weniger Spiel zu belassen, ist für die Bestellung des Kolbens ein Stichmaß von 369,84 mm Länge notwendig.

Die Anfertigung eines so genauen Stichmaßes ist lange nicht so schwierig, wie es aussieht. Das Stichmaß nimmt man in der kleinsten Stelle des Zylinders und beim Feineinpassen wird unter das festzuhaltende Ende eine Fühllehre von 0,1 mm Stärke gelegt, worauf am anderen Ende, genau wie vorhin angegeben, mit seitlichem Ausschlag von 2 bis 3 mm eingepaßt wird.

Das Spiel zwischen Kolben und Zylinderbüchse kann vor oder nach dem Einschleifen kontrolliert werden, indem man in wagerechter Lage den Kolben in die Zylinderbüchse, in gereinigtem Zustande, ohne Öl hineingibt, um dann an der höchsten Stelle mit entsprechenden Fühllehren das Spiel festzustellen.

Bei Bestellung einer neuen Zylinderbüchse für einen bestehenden Kolben wird vor allen Dingen das vorhandene Kolbenspiel, wie oben angegeben, festgestellt, um dann in der kleinsten Zylinderstelle ein Stichmaß so einzupassen, daß außer der Zugabe für das Einschleifen, etwa zu großes Spiel berücksichtigt wird.

Z. B. bei etwa 370 mm Durchmesser soll die neue Zylinderbüchse vor dem Einschleifen rd. 0,15 mm größer sein als der vorhandene Kolben, aber das Spiel in der alten Zylinderbüchse betrage in der Führung 0,6 mm Es wird deshalb beim Einpassen des Stichmaßes unter das festzuhaltende Ende eine Fühllehre von 0,45 mm gegeben, so daß man ein Stichmaß erhält, das um rund 0,15 mm größer ist als der alte Kolben.

Dies ist jedenfalls die leichteste und sicherste Art ohne besondere Meßfähigkeiten doch ein verhältnismäßig genaues Stichmaß fertig zu bringen.

Man kann natürlich auch den Kolben mittels Greifzirkel abmessen und dann für die Anfertigung des Stichmaßes 0,15 mm zugeben. Aber diese Art des Messens erfordert ein ungleich besseres Tastgefühl und viel mehr Praxis.

Wird eine Zylinderbüchse bei der Baufirma bestellt, so sind außer dem erwähnten Stichmaß gewöhnlich nur noch Type und Motornummer anzugeben. Es ist aber jedenfalls von Vorteil, noch für die in Abb. 60 mit a_1, b_1, c_1 und d_1 bezeichneten Stellen Stichmaße beizubringen.

Bei a kann die Zylinderbüchse ein größeres Spiel aufweisen, soll aber in den anderen Stellen passen und doch leicht hineingehen. Klemmen darf auf keinen Fall vorkommen, weil sonst die Zylinderbüchse verspannt würde. Bevor ein Stichmaß eingepaßt wird, sind die Bohrungen im Ständer gut von allen Anhaftungen und Rost zu befreien. Da im Ständer jede Bohrung eine mehr oder weniger große Ovalität aufweist, wird das Stichmaß immer an der kleinsten Stelle genommen. Klemmt die Büchse beim Einbau, so wird die markierte Stelle an der Zylinderbüchse abgefeilt.

Nach erfolgtem Einbau der Zylinderbüchse wird diese mit dem Zylinderdeckel verschraubt, um dann das Bohren und Gewindeschneiden für die Anbringung der Ölzuführungen vorzunehmen. Diesbezüglich wird sehr viel gesündigt, weil man auf eine genaue Übereinstimmung mit den Öffnungen im Ständer, durch Vorbereitung einer entsprechenden Führung, viel zuwenig Rücksicht nimmt. Die Folge davon ist, daß die Verschraubungen schlecht abdichten, wodurch dann Öl in den Wasserraum, aber auch Wasser in den Zylinder gelangen kann. Deshalb ist es unbedingt notwendig, diese Arbeiten mit einer genauen Führung nach Abb. 61 vorzunehmen. Die Arbeiten werden mit dieser Vorrichtung nicht nur genau, sondern auch viel leichter und schneller ausgeführt. Das Andrücken der Werkzeuge bzw. der Vorschub wird durch Nachstellen der Überwurfmutter bewerkstelligt.

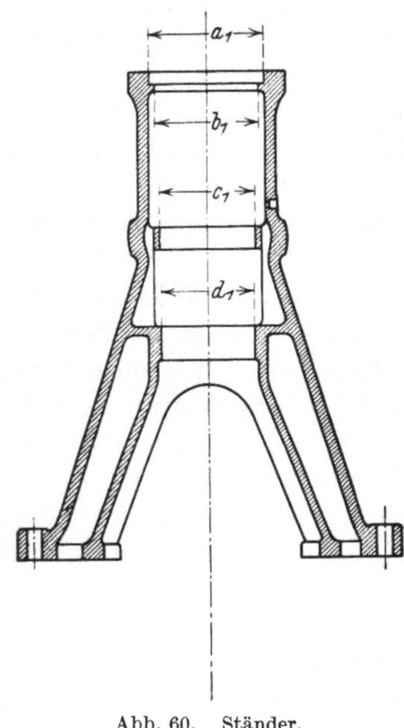

Abb. 60. Ständer.

Die Werkzeuge werden an den Enden mit Flächen versehen, so daß mit einem gewöhnlichen Schraubenschlüssel gebohrt und gefräst werden kann.

Wenn zur Befestigung der Führung im Ständer ein Gewinde nicht vorhanden ist, so kann man eine Führungsbüchse anfertigen, die dann zum Einbauen in den Ständer in 3 Teile geschnitten werden muß (siehe Abb. 61).

In keinem Falle dürfen die Löcher für den Öleintritt größer gebohrt werden als die in der alten Zylinderbüchse.

Das Ausbohren einer Zylinderbüchse und die Anfertigung eines größeren Kolbens darf nicht öfter als einmal vorgenommen werden. Dabei ist zu bemerken, daß das Ausbohren der Büchse im Ständer selbst nur dann einen Vorteil bildet, wenn trotzdem die Zylinderbüchse zwecks Wassersteinentfernung und Kolbeneinschleifens, ausgebaut wird.

Sind bei einem Motor zwei oder mehr Zylinderbüchsen größer zu bohren, so soll darauf geachtet werden, daß bei allen der ganz gleiche Durchmesser erzielt wird.

Wird eine Zylinderbüchse mit dazugehörigem Kolben von der Fabrik bestellt, so empfiehlt es sich, das gewünschte Kolbenspiel anzugeben, wobei natürlich auch die Vergrößerung durch das nachherige eigene Einschleifen berücksichtigt werden soll. Ist z. B. der Kolbendurchmesser 430 mm, so wird man ein Kolbenspiel von 0,2 mm verlangen, weil $430 \times 7 = 3010$ ist und somit rund 0,3 mm normales Spiel ergibt, wovon dann 0,1 mm für das Einschleifen in Abzug zu bringen ist.

Wer einmal die Vorteile des Kolbeneinschleifens probiert hat, wird nie mehr davon abstehen.

Durch Heißlaufen des Kolbenzapfenlagers ist es schon vorgekommen, daß die Ausdehnung des Zapfens auch den Kolben in derselben Richtung auseinanderdrückte und dadurch ein Anfressen in der Zylinderbüchse verursachte. Darum ist es von gewissem Vorteil, den Kolben auf beiden Seiten um den Zapfensitz herum kleiner zu schleifen oder abzufeilen.

Das Wichtigste ist und bleibt natürlich auch in diesem Falle, einem Heißlaufen des Kolbenzapfenlagers überhaupt vorzubeugen.

Beim Kompressor kann sich nach jahrelangem Betrieb die Notwendigkeit herausstellen, für die Hochdruckstufe eine neue Zylinderbüchse oder auch einen neuen Kolben einsetzen zu müssen. Dabei ist sehr darauf zu achten, daß dann in dieser Stufe kein ungleichmäßiges und auch kein zu geringes Spiel entsteht, weil sonst das Anliegen des Nieder- oder Mitteldruckkolbens an die Zylinderwand verhindert würde, wodurch dann der Hochdruckkolben abbrechen müßte. Bei einer solchen Erneuerung ist es stets geboten, den ganzen Kolben in wagerechter Lage fein einzuschleifen, wobei natürlich nur der Hochdruckstufe feiner Schmirgel zugeführt werden soll. Der Zylinder wird in gleicher Weise wie schon früher beim Einschleifvorgang angegeben, nachgedreht.

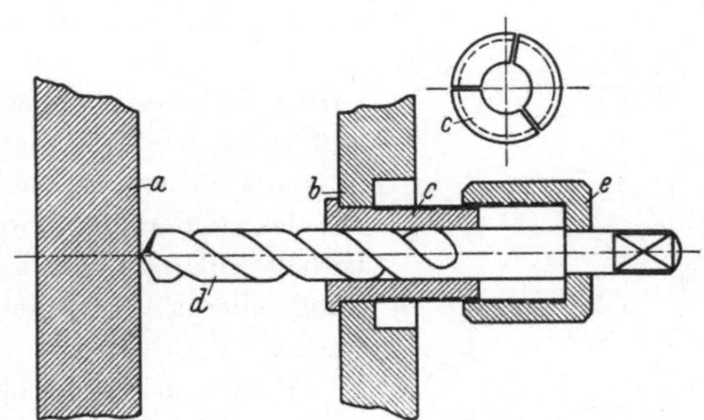

Abb. 61. Ausführung der Sitze für die Ölzuführung in der Zylinderbuchse.
a Zylinderbüchse, *b* Ständer, *c* Dreiteilige Führungsbüchse, *d* Werkzeug, *e* Überwurfmutter.

Wird der ganze Kompressorkolben neu bestellt, so berücksichtige man die abgenützte Führung im Zylinder. Das Stichmaß soll immer an der kleinsten Stelle mit etwa 5 mm Ausschlag genommen werden, so daß der neue Kolben gerade hineingeht. Der Kolben wird dann entsprechend eingeschliffen, wie das schon beim Motorkolben angegeben wurde. Auf diese Weise wird auch eine Rektifikation des abgenützten Zylinders vorgenommen, ohne ein zu großes Kolbenspiel zu schaffen.

10. Verschiedenes.

Eine besondere Reparatur kann nach vielen Betriebsjahren an der Steuerscheibe des Auspuffventils notwendig werden. Größere Abnützung an einer Steuerscheibe führt zum geräuschvollen Arbeiten des betreffenden Ventilhebels.

Wird im Betriebe während des ersten Taktes ein dumpfes Brummen im Saugrohr hörbar, so schließt das Auspuffventil zu früh. Entweder ist dann ein zu großes Rollenspiel vorhanden oder an der Steuerscheibe ist eine ähnliche Abnützung zu bemerken, wie bei *a* in Abb. 62.

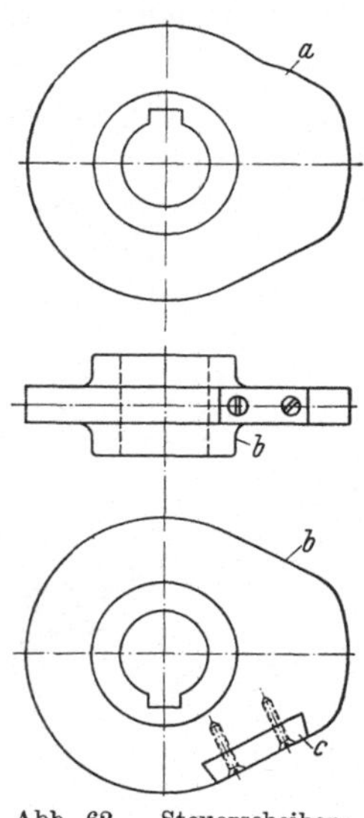

Abb. 62. Steuerscheibenreparatur. *a* Abgenützte Steuerscheibe, *b* Ausgebesserte Steuerscheibe, *c* Stahleinsatz.

In diesem Falle kann man ohne Ausbau der Steuerscheibe ein Stahlstück auf dieselbe Art einsetzen, wie das unter *b* in der gleichen Abbildung ausführlich dargestellt ist.

Bei größerer Abnützung der Brennstoffnocken ist es am vorteilhaftesten, unter Angabe der Motornummer und Type, neue Brennstoffnocken von der Baufirma zu bestellen.

Beim Einbau neuer Brennstoffnocken muß natürlich darauf gesehen werden, daß das Brennstoffventil wieder genau soviel Grade vor dem Totpunkt öffnet und nach dem Totpunkt schließt, wie das bei den alten Nocken der Fall war. Natürlich soll dann die Feineinstellung in Verbindung mit der Diagrammentnahme vorgenommen werden.

Sobald im Brennstoffpumpen- und Reguliergestänge ein größeres Spiel bzw. eine tote Bewegung bemerkbar ist, sind die oval gewordenen Bohrungen durch eine Reibahle zu rektifizieren und passende Bolzen anzufertigen.

Bei ausgeschlagenen Ventilhebelrollen dürfen die Bohrungen mittels Reibahle nur nachreguliert werden, wenn die Rollen dann auch außen für genaues Rundlaufen rektifiziert werden. Die Rücksicht auf genaues Rundlaufen ist auch beim Ausbüchsen von Hebelrollen notwendig.

Beim Regulator wird ebenfalls ein zu großes Spiel durch entsprechendes Aufreiben der Bohrungen und Anfertigung passender Bolzen behoben.

Man vergesse nicht, vor dem Auseinandernehmen des Regulators die Federnlänge abzumessen und den Stand der Muttern genau zu bezeichnen, damit der Motor nach dem Zusammenbau des Regulators wieder genau dieselbe Umlaufzahl macht wie vorher.

Wenn bei den Druckkappen der Ventile gerade Auflageflächen für die Druckschrauben vorhanden sind, so können sich an den Berührungsflächen der Kappen Vertiefungen bilden, die den Gang der Maschine ungünstig beeinflussen. In solchen Fällen kann eine dauerhafte Auflage hergestellt werden, wenn man in die Druckkappen mit Blausäure abgebrannte Eisen- oder Stahlplättchen einsetzt.

Bei vorkommenden Rißbildungen in gußeisernen Gegenständen kann das Austreten von Wasser, Auspuff usw. durch Abdichten mit Kupfer auf eine ähnliche Art, wie das bei den Zylinderdeckelreparaturen besprochen wurde, verhindert werden (siehe Abb. 50 und 53).

Bei allen vorkommenden Reparaturen vermeide man unnötige Abänderungen und suche, wenn irgend möglich, normale Maße beizubehalten.

Öl- und Gasmaschinen (Ortfeste und Schiffsmaschinen). Ein Handbuch für Konstrukteure, ein Lehrbuch für Studierende von Prof. **H. Dubbel,** Ingenieur. Mit 519 Textabbildungen. VI, 446 Seiten. 1926. Gebunden RM 37.50

Schnellaufende Dieselmaschinen. Beschreibungen, Erfahrungen, Berechnung, Konstruktion und Betrieb. Von Marinebaurat a. D. Prof. Dr.-Ing. **O. Föppl,** Braunschweig, Oberingenieur Dr.-Ing. **H. Strombeck,** Leunawerke, und Prof. Dr. techn. **L. Ebermann,** Lemberg. Dritte, ergänzte Auflage. Mit 148 Textabbildungen und 8 Tafeln, darunter Zusammenstellungen von Maschinen von AEG, Benz, Daimler, Danziger Werft, Deutz, Germaniawerft, Görlitzer M.-A., Körting und MAN Augsburg. VII, 239 Seiten. 1925. Gebunden RM 11.40

Der Bau des Dieselmotors. Von Prof. **Kamillo Körner,** Prag. Zweite, wesentlich vermehrte und verbesserte Auflage. Mit 744 Abbildungen im Text und auf 8 Tafeln. VI, 531 Seiten. 1927. Gebunden RM 73.50

Der Einblase- und Einspritzvorgang bei Dieselmaschinen. Der Einfluß der Oberflächenspannung auf die Zerstäubung. Von Dr.-Ing. **Heinrich Triebnigg,** Assistent an der Lehrkanzel für Verbrennungskraftmaschinenbau der Technischen Hochschule Graz. Mit 61 Abbildungen im Text. VI, 138 Seiten. 1925. RM 11.40; gebunden RM 12.90
(Verlag von Julius Springer in Wien.)

Die Hochleistungs-Dieselmotoren. Von **M. Seiliger,** Ing.-Technolog, vorm. Chef der Dieselmotorenabteilung der Maschinenfabrik L. Nobel in St. Petersburg. Mit 196 Abbildungen und 43 Zahlentafeln im Text. VI, 240 Seiten. 1926. RM 17.40; gebunden RM 18.90

Betrieb und Bedienung von ortsfesten Viertakt-Dieselmaschinen. Von Dipl.-Ing. **A. Balog** und Werkführer **S. Sygall.** Mit 58 Textfiguren und 8 Tafeln. VI, 117 Seiten. 1920. RM 4.—

Außergewöhnliche Druck- und Temperatursteigerungen bei Dieselmotoren. Eine Untersuchung von Dr.-Ing. **R. Colell.** Mit 26 Textfiguren. VI, 70 Seiten. 1921. RM 2.40

Der Glühkopfmotor in Schiffahrt, Industrie und Landwirtschaft. Von Oberingenieur **Siegbert Welsch.** Mit 85 Abbildungen im Text und 24 Tabellen. VI, 120 Seiten. 1925. RM 7.20

Schnellaufende Verbrennungsmaschinen. Von **Harry R. Ricardo.** Übersetzt und bearbeitet von Dr. **A. Werner** und Diplom-Ingenieur **P. Friedmann.** Mit 280 Textabbildungen. VIII, 374 Seiten. 1926.
Gebunden RM 30.—

Das Entwerfen und Berechnen der Verbrennungskraftmaschinen und Kraftgas-Anlagen. Von Maschinenbaudirektor Dr.-Ing. e. h. **Hugo Güldner,** Aschaffenburg. Dritte, neubearbeitete und bedeutend erweiterte Auflage. Mit 1282 Textfiguren, 35 Konstruktionstafeln und 200 Zahlentafeln. XX, 789 Seiten. Dritter, unveränderter Neudruck. 1922.
Gebunden RM 42.—

Untersuchungen über den Einfluß der Betriebswärme auf die Steuerungseingriffe der Verbrennungsmaschinen. Von Dr.-Ing. **C. H. Güldner.** Mit 51 Abbildungen im Text und 5 Diagrammtafeln. VI, 122 Seiten. 1924. RM 5.10; gebunden RM 6.—

Ölmaschinen, ihre theoretischen Grundlagen und deren Anwendung auf den Betrieb unter besonderer Berücksichtigung von Schiffsbetrieben. Von Marine-Oberingenieur a. D. **Max Wilh. Gerhards.** Zweite, vermehrte und verbesserte Auflage. Mit 77 Textfiguren. VIII, 160 Seiten. 1921.
Gebunden RM 5.80

Schiffs-Ölmaschinen. Ein Handbuch zur Einführung in die Praxis des Schiffsölmaschinenbetriebes. Von Direktor Dipl.-Ing. Dr. **Wm. Scholz,** Hamburg. Dritte, verbesserte und erweiterte Auflage. Mit 188 Textabbildungen und 1 Tafel. VI, 270 Seiten. 1924. Gebunden RM 13.50

Ölmaschinen. Wissenschaftliche und praktische Grundlagen für Bau und Betrieb der Verbrennungsmaschinen. Von Prof. **St. Löffler,** Berlin, und Prof. **A. Riedler,** Berlin. Mit 288 Textabbildungen. XVI, 516 Seiten. 1916. Unveränderter Neudruck. 1922. Gebunden RM 18.—

Graphische Thermodynamik und Berechnen der Verbrennungsmaschinen und Turbinen. Von **M. Seiliger,** Ingenieur-Technolog. Mit 71 Abbildungen, 2 Tafeln und 14 Tabellen im Text. VIII, 250 Seiten. 1922. RM 6.40; gebunden RM 8.—

Kleine Verbrennungsmaschinen für flüssige Brennstoffe. Ein Lehr- und Handbuch für Ingenieure, Konstrukteure, Studierende, Kleingewerbetreibende, Monteure usw. Von Ing. **Ludwig Ptaczowsky.** (Technische Praxis, Band XXIII.) Mit 119 Abbildungen und 13 Tabellen. 234 Seiten. 1919. Pappeinband gebunden RM 1.50

(Verlag von Julius Springer in Wien.)